Om morgonen bittida gick vi ifrån Kyrko-
gården til Kyrkoherde gården dalby som ej låg
långt ther ifrån, at fråga Kyrkoherden
efter [illegible] om [illegible] [illegible], hwilket
haft underrättning; men Kyrkoherden war
borta, hwarföre [illegible], [illegible] wisade
Nordost ther wägen gick igenom ängen
och just skulle [illegible] [illegible]. Berget
som dottern efter och wisste det midt
mot uti en backe, jemte en Alplatt;
men här war intet jorden med
någon spade i långa tider gjord, och
der war intet berg. fann at om de sökt [illegible] til [illegible] främste [illegible] spord.
Wi worom något sedan wi fått weta,
at den curieuse Faggot, Inspector wid
Landtmäteri Contoiret hwilken warit
med Kyrkoherren, och hört berättas Ehus
tiden han här inrättade Alunwär-
ket.

Taken lägges här på orter med hålm i
stället för näfwer, dock så, at hålmen ej
intet skall bära [illegible], och så [illegible]
at näfwer [illegible], [illegible] [illegible] [illegible]
[illegible], [illegible] [illegible] stiärne
jemte, at [illegible] [illegible], [illegible]
under litet näfwer wid takdropp
pet, äfwen uppå taket hålmen med en
dubbel flod af torf, då den undersi-
torfwen wänder sin gräswall åt
hålmen; men öfra åt himmelen; detta
blir doch ej på [illegible] [illegible].

Wi observerade på hela Öland, at mäst
alla gärd och byar långs strandt under för
Landborgen
[illegible] äro wid [illegible] [illegible], [illegible]
[illegible] [illegible] på den [illegible] [illegible] [illegible]
och [illegible] andra [illegible] och [illegible] [illegible]

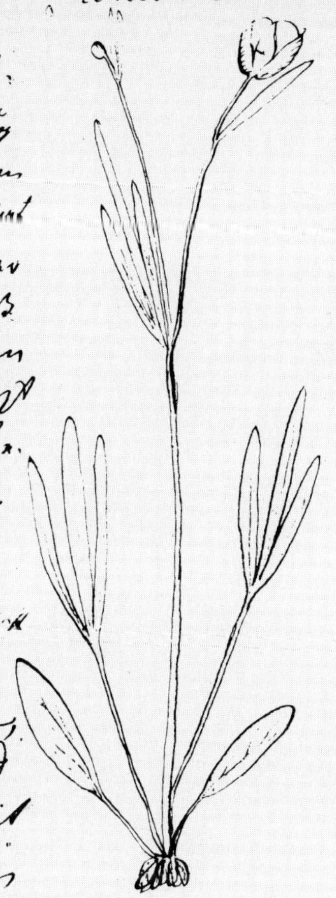

DIE GROSSEN REISEN

CARL VON LINNÉ

Von Linné in seiner Lappentracht. Mezzotinto von *Dunkarton* nach einem Gemälde von *M. Hoffman*

DIE GROSSEN REISEN

CARL VON LINNÉ

HERAUSGEGEBEN
VON DAVID BLACK
ILLUSTRIERT
VON STEPHEN LEE

HERMANN SCHAFFSTEIN VERLAG · DORTMUND

Die deutsche Textfassung besorgte Helmut Schareika.

ISBN 3-588-00026-7

Gesamtherstellung:
Konkordia GmbH für Druck und Verlag, Bühl/Baden

Dank gilt Professor W. T. Stearn und der Linnaean Society für Rat und Hilfe, insbesondere Professor Stearn für die Erlaubnis zum Abdruck des Anhang-Textes, ursprünglich veröffentlicht in seiner *Introduction to the Species Plantarum* und in W. Blunts *The Compleat Naturalist.* —
Die Vorsatzblätter zeigen zwei Seiten aus von Linnés Reisetagebüchern, auf der Seite 5 findet sich die erste schwedische Zeichnung einer *Linnaea borealis* nach einem Holzschnitt von *Rudbeck d. J.* Die Tafel S. 102 zeigt das Titelblatt der Schrift *Systema Naturae* von 1735, S. 103 daraus die Seite „Beobachtungen zum Pflanzenreich".

Erklärung der im Text verwandten Namen

Die in diesem Buch im Text verwandten Namen sind die, welche von Linné in seinen Originalpublikationen benutzt hat, obwohl viele der langen beschreibenden Namen auf die erste Wendung oder das erste Wort gekürzt wurde (in dem Fall steht hinter dem Namen ein *etc.*).

Umgangssprachliche Namen wurden übersetzt oder transliteriert, und wo von Linné einen lateinischen und einen umgangssprachlichen Namen benutzte, werden beide angeführt. In Klammern werden von Linnés Namen die modernen Bezeichnungen hinzugefügt. Für höhere Pflanzen wird nur der gewöhnliche Name gebraucht, mit Ausnahme einzelner Arten, die keinen haben. Bei anderen Organismen steht der moderne wissenschaftliche Name zusammen mit einem gewöhnlichen allgemeinen (z. B. *Flechte*).

Zur Zeit seiner Reisen nach Lappland, Öland und Gotland hatte von Linné noch nicht das binominale System entwickelt; er benutzte lateinische Namen von unterschiedlicher Länge: von einem Wort für bekannte Arten, z.B. *caltha* (Dotterblume) und *spergula* (Spörgel) über Namen aus zwei und drei Wörtern bis hin zu ganzen Sätzen, die er für neue oder unbekannte Arten benutzte, z.B. *orchis bulbis indivisis, nectarii labio quinquefido punctis scabro, cornu obtuso, petalis distinctis* für das Helm-Knabenkraut. Diese Bezeichnungen sind umständlich, und von Linné benutzte sie auch nicht konsequent. So erscheint die Fliegenragwurz zuerst (Öland, 2. Juni) als *cypripedium bulbis subrotundis, foliis oblongis caulinis,* doch am 13. Juni wird dieselbe Art *orchis muscam referens* genannt.

Das binominale Benennungssystem benutzte von Linné erstmals im Index seiner *Reisen nach Öland und Gotland (Öländska och Gotländska Resa),* aus denen Auszüge in diesem Buch erscheinen. Dabei benutzt er die binominale Bezeichnung zusammen mit einer Nummer, die sich auf seine vollständige Pflanzenbeschreibung in *Flora Suecica* bezieht, z.B. *Euphorbia 438 Oelandica* (Wolfsmilch).

Inhalt

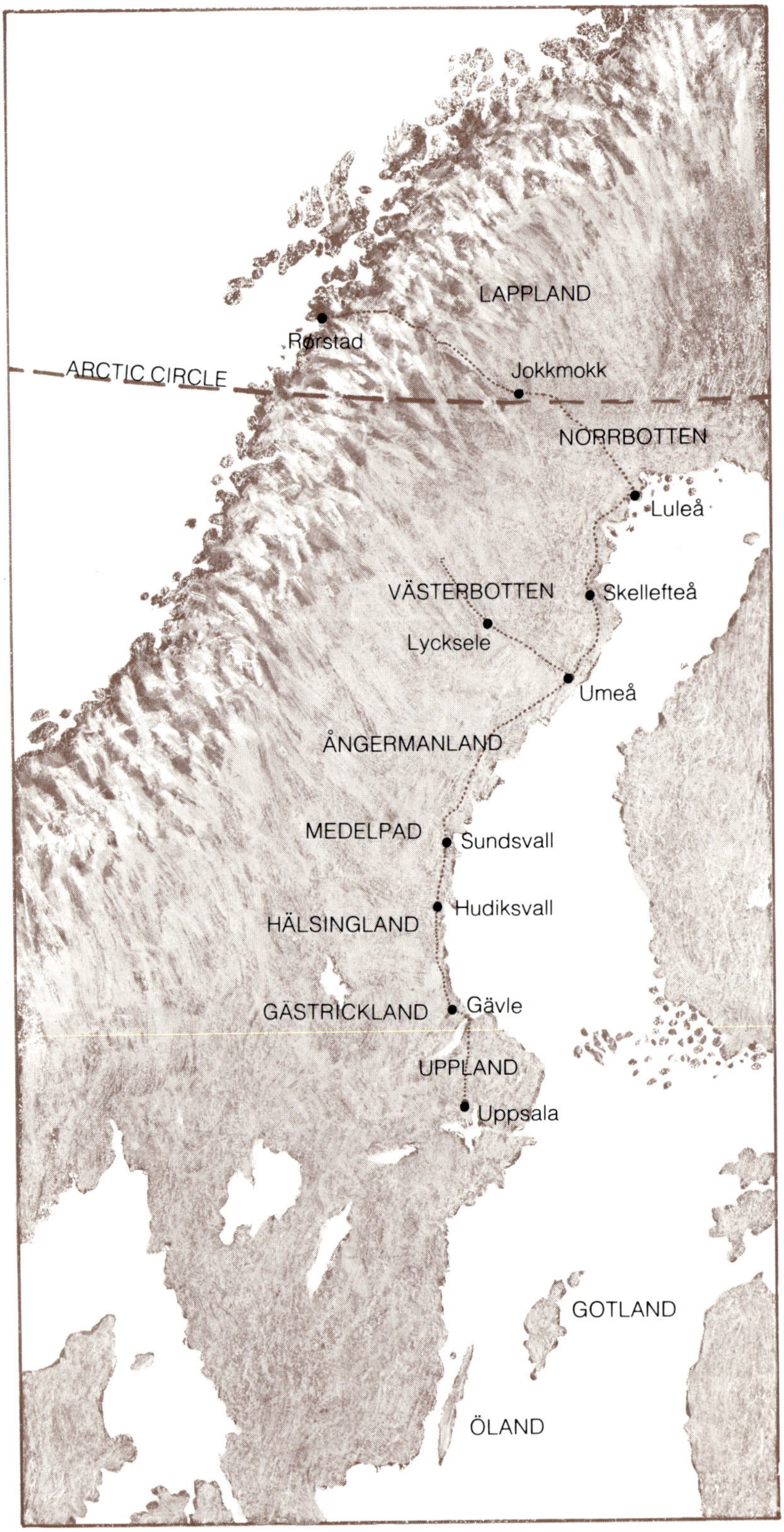

Karte von Schweden

Die alten Ortsnamen aus der Zeit von Linnés stehen in Klammern neben den Namen auf dieser Liste.

Uppsala (Upsala)
Gävle (Gefle)
Jockmokk (Jockmock)

Lappland (Lapland)
Västerbotten (Westbothnia)
Hälsingland (Helsingland)
Gästrikland (Gestrickland)
Uppland (Upland)
Gotland (Gothland)

Einführung

Zu der Zeit, als von Linné geboren wurde, war Schweden eine mächtige Nation. Sein Territorium schloß nicht nur Schweden selbst ein, sondern auch Finnland, einen Teil Nordwestrußlands (die Gegend um Leningrad, die damals Ingrien hieß), Estland, Livland und in Norddeutschland die Gebiete von Stettin und Bremen. Der junge schwedische König Carl XII. kämpfte von 1699 bis zu seinem Tode 1718 unaufhörlich und erfolgreich gegen seine Nachbarn, Dänen, Russen, Sachsen und Polen, um sein baltisches Reich zu erhalten. Nicht von ungefähr nannten von Linnés Eltern ihren erstgeborenen Sohn nach ihrem siegreichen Monarchen: Carl. Doch der Krieg verzehrte Schweden, und von Linné wuchs in einem verarmten, doch auf Erholung versessenen Land auf.

Von Linné (oder Linnaeus) wurde 1707 in Småland geboren, einer Provinz im Südosten Schwedens. Die Bewohner der Provinz hatten seit jeher den Ruf, erfinderisch, zäh und sparsam zu sein. Carls Vater, Nils Ingemarsson, ein Geistlicher, hatte für sich den Beinamen Linnaeus *zur Erinnerung an einen großen Lindenbaum* (tilia cordata) *geprägt, der im Dialekt von Småland als* linn *bekannt war.*

Nils Linnaeus war ein tüchtiger Gärtner, und bald erwarb Carl von ihm die Liebe zu Blumen und Gärtnerei. Der Pfarrgarten muß einer der besten in Schweden gewesen sein, und Nils folgte der Mode der Zeit, indem er zum Herzstück seines Gartens ein rundes erhabenes Blumenbeet machte, das die Nachahmung eines Speisezimmertisches darstellte: Das Beet war bepflanzt mit Sträuchern, Kräutern und Blumen, welche die Gerichte auf dem Tisch sowohl als die verschiedenen Gäste darstellten. Als kleines Kind dürfte sich von Linné sicher eher damit vergnügt haben, im Garten mit Blumen zu spielen als mit echten Spielsachen.

Als Carl gerade vier Jahre alt war, wurde er zu einem Picknick am nahegelegenen Möckeln-See mitgenommen. Hier erläuterte sein Vater den Gästen die Namen der vielen wilden Blumen, die man an den Ufern fand; das Kind war von den Namen so fasziniert, daß er seinen Vater von diesem Moment an quälte, sie ihm zu wiederholen. Der Vater, anscheinend ein geduldiger Mann, sagte dem Jungen, er könne seinen Kopf nicht mit neuen Namen füllen, ehe er nicht zuerst die alten gelernt habe. So wurde das Interesse an der Pflanzen- und Tierbenennung entzündet, das von Linnés Leben beherrschte und uns heute Anlaß gibt, uns seiner zu erinnern.

Seine Schuljahre waren nicht die glücklichsten, denn die Schuldisziplin war hart, die Stunden lang (morgens um 6 Uhr beginnend und nachmittags um 5 Uhr endend), und die gelehrten Gegenstände waren wenig nach seinem Geschmack. Drei Viertel der Zeit waren Latein, Griechisch und Theologie gewidmet; die Schüler mußten Latein nicht nur bei der Unterhaltung mit ihren Lehrern, sondern auch untereinander benutzen. Von Linné begann seine Schulzeit in Växjö, der Stadt mit Bischofssitz und Kathedrale, ungefähr 50 Kilometer von seiner Heimat in Stenbrohult entfernt, im Jahre 1714, als er sieben Jahre alt war, und beendete sie 1727. Glücklicherweise fand er in dem Direktor Daniel Lannerus einen Verbündeten. Sowohl sein Vater als auch sein Großvater mütterlicherseits waren Geistliche, und natürlich wollte seine Mutter, daß er auch einer werde. Sie war schmerzlich enttäuscht, als er keine Berufung dazu zeigte, sondern statt dessen Naturgelehrter werden

Erdglöckchen *Linnaea borealis*

wollte. Dank der Unterstützung und der Ermutigung durch Johan Rothman, einen Arzt in Staatsdiensten, erlaubten ihm seine Eltern, Medizin zu studieren, und im August trug er sich an der Universität von Lund, der Provinzhauptstadt, ein. Obwohl er dort weniger als ein Jahr blieb, hatte er das große Glück, mit einem freundlichen und generösen Professor Freundschaft zu schließen, Kilian Stobaeus, der ihn in seinem Haus aufnahm, ihm Bücher lieh und ihn in Naturgeschichte unterwies. Doch er wurde krank und mußte nach Hause zurückkehren. Auf Rothmans Rat beschloß er, seine Studien in Uppsala wieder aufzunehmen, vierhundert Meilen nördlich.

Die Bedingungen, schien es, waren für das Studium nicht sehr günstig, doch von Linné war so fest entschlossen, daß ein früher Durchbruch als einer der führenden Gelehrten in den Naturwissenschaften unvermeidlich schien. Er erreichte diesen mit einer ziemlich geistreichen Dissertation über die Sexualität der Pflanzen, Praeludia Sponsalarium Plantarum, in der er die Funktionen von Staubgefäßen und Stempel bei der Bestäubung beschrieb. Er setzte Pollen mit Sperma gleich und Samen mit den Eizellen. Dieses provozierende Thema, mit all seinen Implikationen von Inzest und Polygamie, erwarb von Linné einen zweifelhaften Ruf unter den mehr konservativen Mitgliedern der Gesellschaft. Doch seine Lehrer würdigten den klaren, redegewandten Stil und die Originalität des Inhalts. Er arbeitete hart in diesen frühen Jahren, seinem Gegenstand leidenschaftlich hingegeben. Es war während dieser Zeit, daß er den Einstieg in seine wichtigen Werke fand, einschließlich der Bibliotheca Botanica und den Genera Plantarum.

In Uppsala traf von Linné einen Studenten aus dem Norden, Petrus Artedi, der sein Interesse an der Naturgeschichte teilte. Artedi war ein wenig älter und viel gelehrter und perfekter, mit Sprachkenntnissen, die von Linné nie erwarb. Sie trafen eine Vereinbarung, zusammen das ganze Reich der Natur auf eine geordnete methodische Weise zu erfassen; wenn einer von ihnen stürbe, sollte die Verpflichtung, die enorme Aufgabe zu vollenden, auf den andern fallen. 1735 fand Artedi einen tragischen Tod, indem er in Amsterdam in einen Kanal fiel und ertrank, und von Linné blieb die Aufgabe, sein Werk über Fische zu veröffentlichen und ihren ehrgeizigen Plan allein weiterzuverfolgen.

1731 kam von Linné nach Hause nach Småland. Er war drei Jahre fortgewesen, und die Dinge an der Universität liefen nicht allzu gut. Ein Rivale war aus dem Ausland zurückgekehrt, und von Linné entschied sich zu einer willkommenen Unterbrechung. Er beriet sich mit seiner Familie über sein Fortkommen und seine Pläne, darunter der Plan einer Reise nach Lappland. Seine Mutter schien beunruhigt über sein Fortgehen, doch sein Vater gab ihm Ermutigung. „Wenn du überzeugt bist, daß diese Reise deine Karriere fördern wird, dann bitte Gott um Führung und Hilfe. Er ist überall, sogar unter den wildesten Menschen. Vertraue auf ihn. Meine Gebete werden dich begleiten.“

Bevor von Linné Uppsala verlassen hatte, war er bei der Königlichen Gesellschaft für Wissenschaften von Uppsala um finanzielle Hilfe für die Reise nachgekommen. Als er zur Universität zurückkehrte, wurden sein Eifer und seine Beharrlichkeit belohnt: Die Gesellschaft stellte ihm die Summe von 450 Kupfertalern zur Verfügung, zwei Drittel von dem, worum er ursprünglich gebeten hatte. Am 12. Mai 1732 brach er, allein und voller Hoffnung, zu Pferde auf. Sein Auftrag war, soviel als möglich von der Naturgeschichte, der Landwirtschaft und den Gebräuchen Lapplands und seiner Bewohner zu erfassen. Seine Route führte auf einer gut ausgerittenen Spur nach Norden

zur Stadt Umeå; von dort führte sie ihn landeinwärts nach Westen nach Lycksele — Lappland, zurück an die Küste nordwärts, dann nochmals landeinwärts nach Luleå — Lappmark und über die Berge nach Norwegen; schließlich nach Süden und Osten den Bottnischen Meerbusen entlang, was damals schwedisches Territorium war. (Er scheint unterwegs einige Finnen getroffen zu haben, doch seine Bemerkungen über sie sind nicht allzu schmeichelhaft.) Die Reise dauerte alles in allem vier Monate. Fast abgerissen kehrte er zurück, doch bereichert durch seine Erfahrungen, beladen mit zahlreichen Beobachtungen und Species. Die botanischen Ergebnisse wurden 1737 in Amsterdam als Flora Lapponica *veröffentlicht. Für seine Zeitgenossen war es bedauerlich, daß sein Reisetagebuch, das* Iter Lapponicum, *erst 1888 erschien, obwohl von dem unveröffentlichten Manuskript eine Übersetzung ins Englische angefertigt worden und 1811 unter dem Titel* Lachesis Lapponica *oder* A Tour in Lapland *erschienen war, denn in seiner Beschreibung unterschiedlichster Funde ist es wirklich faszinierend.*

Vielleicht hat von Linné die Schwierigkeiten seiner Reise übertrieben, doch andererseits verschafft er uns einen bedeutenden Einblick in die fremden Bräuche der Lappen: Verwendung von Renmilch, Heilmittel gegen Frostbeulen und wie man tablut *spielt — eine Kreuzung zwischen Schach und Dame mit Schweden und Russen als Figuren. Überdies illustrierte er sein Tagebuch mit Zeichnungen von Pflanzen, Insekten, den Lappen und ausdrucksstarken Skizzen von sich selbst inmitten der nördlichen Wildnis.*

Insgesamt unternahm von Linné innerhalb Schwedens vier größere Expeditionen. Die erste, die Reise nach Lappland, mit fünfundzwanzig Jahren, die zweite auf die Ostseeinseln Öland und Gotland, als er vierunddreißig war, und schließlich die Reisen nach den Provinzen Västergötland und Skåne, als er in den späten vierziger Jahren war. Er reiste auch nach Holland, England und Frankreich. Er starb voller Ehren im Jahre 1778. Kurz darauf wurden seine Bibliothek und sein Herbarium gekauft und nach England gebracht, wo sie in den Räumen der Linnaean Society *in London ihr Domizil fanden.*

Die Reise nach Lappland

Ich reiste allein aus der Stadt Uppsala ab, an einem Freitag, dem 12. Mai 1732, um elf Uhr. Nur noch ein halber Tag fehlte mir bis zur Vollendung meines 25. Lebensjahres.

Zu dieser Jahreszeit bot die Natur ihren entzückendsten und bezauberndsten Anblick.

> *Alles regt sich im Frühling, zur Zeit des Frühlings blüht alles,*
> *Und es glühet zur Gänze die Welt durch die Süße der Venus.*

Das Winterkorn stand jetzt knapp eine Viertelelle hoch, und die Gerste zeigte just ihren Halm. Birke, Ulme und Espe begannen zu sprossen.

Ich hatte das Nordtor der Stadt kaum passiert, da gewahrte ich vereinzelt Lehmboden, außer in den Bergen, die aus Sand und Steinen bestehen. Die Straße hier ist eben und eine Viertelmeile lang baumlos. In Gräben längs des Weges gewahrt man einen gelblichen Pollenüberzug, besonders an vorm Wind geschützten Stellen. Er hat starke Ähnlichkeit mit dem Rahm auf der Milch und wird von den Bauern „Wasserblüte“ genannt.

Spärlich war, was am Wegesrand blühte. *Taraxacum* (Löwenzahn), *Draba caule nudo longitudine palm* (Hungerblümchen), das man in Småland *„Rå agblomma“* (Roggenblume) nennt, weil der Landmann gewöhnlich, sobald er es blühen sieht, seine Saat aussät; *Thlaspi* (Ackerhellerkraut), *Myosotidem* (Vergißmeinnicht), *Viola arv* (Wildes Stiefmütterchen) und *Primula* (Schlüsselblume); dazu *Caltha* (Sumpfdotterblume), die man hier auch „schwedische Kaper“ nennt, weil viele Leute sie angeblich als echte Kaper essen; falsch ist sicher die Behauptung, daß sie Butter färbe.

Die Lerche begleitete mich allenthalben, flog mir voraus, in der Luft zitternd.

1 Sumpfdotterblume
Caltha palustris
2 Stiefmütterchen *Viola tricolor*
3 Märzveilchen *Viola odorata*
4 Wiesenschlüsselblume
Primula veris
5 Vergißmeinnicht
Myosotis scorpioides
6 Ackerhellerkraut *Thlaspi arvense*

Von Gästrikland bis Medelpad

In Högsta, eine und eine Viertelmeile von Uppsala, begannen die Wälder dichter zu werden. Die anmutige Lerche verließ mich hier, doch ein anderer Vogel begrüßte mich bei meiner Ankunft im Walde, nämlich *Turdus minor* (Drossel), dessen liebliches Trillern aus den Spitzen der Fichten nicht weniger erfreuend war.

Ein ausgedehnter, düsterer Kiefernwald schloß sich an, in dem Blütenpflanzen nahezu verhungert schienen, und an ihrer Stelle wuchsen nur ein paar Flechten und Heidekraut von der Gattung *Erica*.

13. Mai

Der Wald war übersät mit *Anemonoides* (Waldanemonen), mit *Hepatica* (Leberblümchen) und *Oxys* (Sauerklee). Ihre Blüten waren geschlossen: Wer hat diese Pflanzen mit so viel Verstand begabt, daß sie sich beim Nahen des Regens schließen? Und wenn das Wetter von einem Augenblick zum andern von Sonnenschein in Regen umschlägt, noch bevor sie sich ausgestreckt haben, sind sie schon wieder geschlossen. — Zum ersten Mal in dieser Jahreszeit hörte ich hier den Kuckuck, den willkommenen Vorboten des Sommers.

Außerdem gewahrte ich hier eine Pflanze, der ich noch nie in unsern nördlichen Gegenden begegnet war: *Pulsatilla apii folio* (Frühlingskuhschelle), deren mit langen Stengeln ausgerüstete Blätter neben dem endständigen Blatt zwei Paare von Blättchen aufwiesen, deren jedes in der Mitte in vier, sechs oder acht Segmente geteilt. Der Kelch, wenn ich ihn so nennen darf, saß um die Mitte des Stiels und war in zahlreiche schmale Abschnitte eingeteilt, innen glatt, sehr haarig außen. Blätter sechs, länglich; das äußerste ungemein haarig, von purpurner Farbe, auf der Innenseite alle weiß mit purpurnen Rippen. Staubblätter zahlreich und sehr kurz.

Wir hatten wechselhaftes Wetter, mal Regen, mal Sonnenschein.

Eine Meile hinter Älvkarleby liegt die Eisenhütte von Hårnås; sie wurde von den Russen niedergebrannt, doch ist sie jetzt wieder aufgebaut.

Hier fließt der Fluß, der die Provinzen Uppland und Gästrikland scheidet. Die Poststationen und Gasthäuser sind erbärmlich schlecht.

Die Wälder wurden hügelig und steinig, überall wuchsen verschiedene Arten von *Pyrolae* (Wintergrün).

Rundblättriges Wintergrün
Pirola rotundifolia

Frühlingskuhschelle
Pulsatilla vernalis

17. Mai

Ich hatte kaum die Grenze von Hälsingland überschritten, als ich auf der Straße ein paar *Lagopodes* (Schneehühner) wahrnahm, doch ich konnte ihnen zum Schluß nicht nahe genug kommen. Durch mein Fernrohr erschienen sie hauptsächlich von rötlicher Färbung, die Federn der Flügel aber waren schneeweiß.

Der höchste Berg in Medelpad nach Auskunft der Einheimischen heißt Norbyknylen. Er ist tatsächlich von sehr beträchtlicher Größe; da ich ihn genauer untersuchen wollte, reiste ich nach Norby, band mein Pferd an und erkletterte, von einem Führer begleitet, den Berg über die linke Flanke. Hier gab es viele ungewöhnliche Pflanzen, einschließlich *Moschatel* (Moschuskraut).

Nach mancherlei Schwierigkeiten und Anstrengungen erreichten wir den Gipfel des Berges und blickten hinab auf Ebenen und kultivierte Felder, auf Dörfer, Seen und Flüsse.

Der Kot des Hasen war allüberall auf den höchsten Teilen des Hügels zu sehen, Beweis dafür, daß dieses Tier sogar diese hochgelegenen Gegenden besucht.

Wir wagten den Abstieg auf der Südseite, der abschüssigsten. Oft waren wir gezwungen, im Sitzen eine beträchtliche Strecke hinabzurutschen. Ungefähr auf der Mitte des Wegs abwärts flog plötzlich ein *Bubo* (Uhu) vor uns auf. Er war so groß wie ein Huhn und von der Farbe einer Waldschnepfe, mit schwarzen Federohren oder -hörnern. Später fanden wir sowohl Eier als auch Junge von diesem großen Vogel.

Hier und da zwischen den Felsen sprossen Pflanzen hervor, darunter *Violas tricoloras* (Wilde Stiefmütterchen), deren Blüten teils weiß waren, teils blau-weiß, teils blau-gelb oder eine Mischung von allem. Sie standen alle etwa ein Fuß voneinander entfernt, manchmal am selben Stengel; ein voller Beweis dafür, daß es nicht unterschiedliche Arten sind.

Ångermanland

19. Mai

Im Herzen der Wälder von Ångermanland wetteiferten verschiedene Laubbäume, *Betula* (Birke) und *Alnus alba* (Grauerle) mit *Pinus* (Kiefer) und *Abietes* (Fichte) genauso wie unter den niedrigen Sträuchern die *Erica* (Heide) und *Vaccinia* (Heidelbeere) abwechselnd die Vorherrschaft innehaben; die erste hauptsächlich auf Hügeln, die letztere in den dichteren Teilen des Waldes.

Nicht weit von Äskja stand der niedrige *Rubus fragariae folio* (arktische Brombeere) in voller Blüte. Das kalte Wetter jedoch hatte das Purpur seiner Blüten blässer als gewöhnlich werden lassen.

Ich hatte gerade den Skulberg hinter mir gelassen und meine Reise über eine Viertelmeile fortgesetzt, da fand ich einen Großteil des Landes mit Schnee bedeckt. Die hübschen Frühlingsblumen waren nach und nach verschwunden. Die Birkenkätzchen, die sonst soviel zur Schönheit des Waldes beitragen, waren noch nicht gesprossen. Nur Winterpflanzen sah ich, *Erica* (Heide) und *Vaccinia* (Heidelbeere), wie sie durch den Schnee lugten.

25. Mai

Der Grund hier ist erträglich eben; der Boden Sand, bisweilen Lehm. An manchen Stellen gibt es große Moosflächen. Die gesamte Gegend ist auf Grund des Sandes und des Mooses ganz und gar unfruchtbar, obwohl es einen beträchtlichen Teil unserer Milch liefert.

Ich machte Baron Grundel meine Aufwartung, dem Provinzhauptmann von Umeå; er empfing mich aufs freundlichste. In einem Käfig hielt er zwei *Loxias* (Kreuzschnäbel), die mit großer Gewandtheit Fichtenzapfen fraßen. Sie nahmen einen Zapfen in den Schnabel, hielten ihn mit einem Fuß fest und holten mit den Schnabelhälften die Samen heraus (der obere Teil des Schnabels ist sehr dick und endet in einer länglichen, gekrümmten, sehr scharfen Spitze). Vom Fenster aus konnte ich in einem angrenzenden Fenn die *Motacilla flava* (gelbe Bachstelze) und *Hirundines* (Schwalben) beobachten.

Birke *Betula alba*

links Föhre *Pinus silvestris*
rechts Tanne *Picea abies*

Lichen uncialis L. = *Cladonia uncialis*

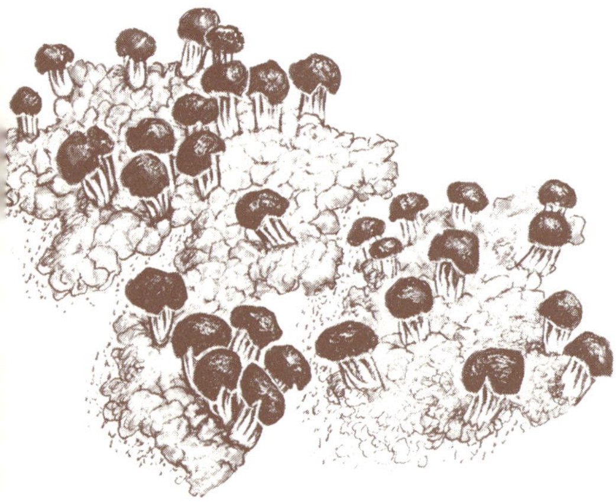

Lichen lyssoides L. = *Baeomyces rufus*

Lichen cocciferus L. = *Cladonia coccifera*

Nach Lycksele

26. Mai

Ich verließ Umeå. Das Wetter war regnerisch und hielt sich den ganzen Tag so. Von der Hauptstraße bog ich nach links ab, mein Wunsch war, nach der Lycksele – Lappmark zu bekommen. Der Weg wurde immer schmaler und schlechter, so daß mein Pferd bei jedem Schritt nur so vorwärtsstrauchelte. In dieser trostlosen Wildnis begann ich mich sehr einsam zu fühlen und ernsthaft nach einem Gefährten zu sehnen.

Am Abend erreichte ich Järntböl. Ich bat um ein Abendbrot, und man setzte mir die Brust eines Auerhahns (*tetrao urogallus*) vor, der irgendwann im Jahr zuvor geschossen und gleich zubereitet worden war. Das war kein einladender Anblick, und den Geschmack stellte ich mir nicht besser vor. Doch in diesem Punkt irrte ich mich. Der Vogel schmeckte hervorragend, und ich wunderte mich über den Unverstand derer, die mehr Federvieh besitzen, als sie zu verbrauchen wissen, und also viel davon verderben lassen, so wie es oft in Stockholm geschieht.

An jenem Abend regnete es so heftig, daß ich gezwungen war, die Nacht an diesem Orte zu verbringen. Die Kissen meines Betts waren mit Rentierhaaren anstatt mit Federn gestopft. Unter dem Bettuch lag das Fell eines Ren mit den Haaren nach oben, auf dem ich, wie die Leute mir versicherten, sehr weich liegen würde.

27. Mai

Der Regen hinderte mich bis mittags, meine Reise fortzusetzen. Doch auch dann waren alle Elemente gegen mich. In jeder Richtung hingen mir die regentropfenbeladenen Zweige der Bäume in die Augen.

Hier und da inmitten der Wälder gab es vollkommen flache Flecken, wo ich durchbrochenen *Muscus coralloides* (Flechte; *Cladonia rangiferina* – Rentierflechte) und eine andere, sehr ähnliche Art fand, letztere fingerdick, schneeweiß, mit reichlicheren und dicht verwickelten Zweigen (*Cladonia rangiferina var alpestris*). Es gab auch eine hübsche scharlachfarbene Flechtenart (*Cladonia coccifera*), und überall am Wegesrand wuchs der *Muscus lichenoides foliosum caninum sulphureum* (Flechte; *Nephroma arcticum*).

Wohin ich kam, ich erhielt nur Wasser zu trinken. An den Wänden wuchs der *Agaricus pedis equini facie* (Zunderschwamm; *Phellinus igniarius*) wie ein Nadelkissen.

29. Mai

Sehr früh am Morgen verließ ich Granön in einem *håp,* einem kleinen Boot, und kam bis nach Lycksele. Als die Sonne aufging, war nichts schöner als der Anblick des klaren, stillen Stromes. Während wir weiterfuhren, passierten wir verschiedene Inselchen, wo wir viele Gelbschenkelwasserläufer und Sandregenpfeifer sahen. Man findet hier auch Kraniche. Der Ruderer sagte, er habe einen geschossen und ihn an die Wand genagelt, mit allen Federn. Wie absurd!

30. Mai

Der Weidegrund neben dem Pfarrhof von Lycksele war recht mager, nur eine Viertelmeile entfernt das genaue Gegenteil. Die Butter war hier wegen ihrer feinen gelben Farbe, die fast ins Rötliche oder zum Safran hin spielte, außerordentlich bemerkenswert. Auf meine Frage, welche Pflanze in der Gegend am häufigsten vorkomme, beschrieben mir die Leute eine, die ich als *Melampyrum* (Wachtelweizen) bestimmte.

31. Mai

Dieses Jahr zu Pfingsten war kein Lappe in der Kirche, weil der Hecht gerade seine Laichzeit hatte. Die Fischerei bildet das Hauptgewerbe dieser Leute, deswegen waren sie jetzt über die Berge, jeder in seiner Gegend, verstreut.

Den eßbaren norwegischen *Lichen islandicus* (Flechte; *cetraria islandica*) gab es hier in zwei Arten oder Varietäten, eine breit und verstreut vorkommend, die andere in über drei Zoll hohen dicken Büscheln.

Im benachbarten Wald wuchs ein seltenes niedriges Blattmoos, unten von feiner Safranfarbe, oben mit flachen länglichen Schilden, *Lichen corceus* (*solorina crocea*), auch der Pilz *Boletus perennis (coltricha perennis)* kam vor.

In diesem Teil des Landes wechseln sich, herrlich anzuschaun, Hügel und Täler ab, überdeckt mit Birkenwäldern (dazwischen Föhren), die sich jetzt in der ruhigen Oberfläche des Wassers spiegelten. Am Ufer wuchs *Equisetum nudum seu aphyllum* (blattloser Schachtelhalm) und dahinter ein ausgedehnter Bestand von *Juncello equatice* (Simsenart). Wie alle Fischerleute lieben die Lappen den Branntwein.

Lichen nivalis L. = *Cetraria nivalis*

Lichen islandicus L. = *Cetraria islandica*

Lichen croceus L. = *Solorina crocea*

Den Fluß entlang

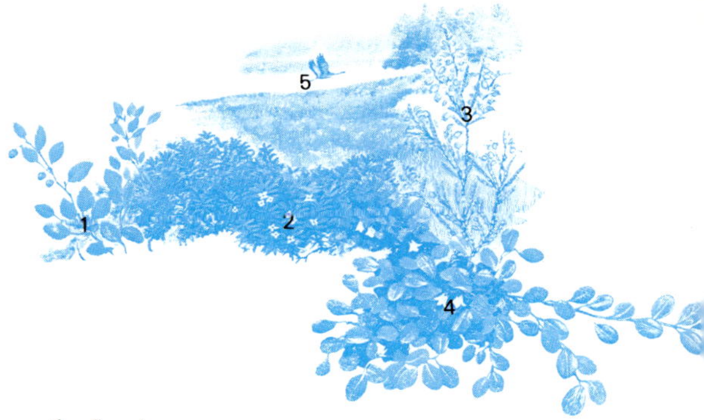

1. Juni

Wir setzten unsere Reise die ganze Nacht lang auf dem Wasser unter beträchtlichen Mühen und Schwierigkeiten fort, wenn man Nacht nennen darf, was so licht war wie der Tag, da die Sonne nur etwa eine halbe Stunde verschwand.

Am Abend kamen wir zu einer Insel, auf der sich Fischersleute aufhielten. Der Fisch, den sie hauptsächlich fingen, war der Hecht, daneben einige Rotforellen (*salmo alpinus*). Die fetten

Teile mit den Eingeweiden werden gesäubert und dann zusammengelegt, bis sie säuern; auf diese Weise wird ein Öl zum Einfetten von Schuhen gewonnen. Der Laich wird getrocknet und findet hernach Verwendung in Brot, Mehlklößen und einer Art Schleimsuppe, zu der Mehl oder Hafergrütze in Milch oder Wasser gekocht wird.

2. Juni

Wir setzten unsere Fahrt den Umeå-Fluß hinauf fort. Schließlich verließen wir den Hauptstrom und folgten einem Nebenarm zur Rechten, der Jukta genannt wurde.

1 Heidelbeere *Vaccinium myrtillus*
2 Schwarze Krähenbeere *Empetrum nigrum*
3 Besenheide *Calluna vulgaris*
4 Preiselbeere *Vaccinium vitis-idaea*
5 Kranich *Grus grus*

Ich machte *Erica* (Heide) aus, große Preiselbeeren, *Empetri baccae* (Schwarze Krähenbeeren) und *Myrtillus baccis nigris* (Heidelbeeren), doch was mich überraschte und erfreute, war eine kleine *Viola tricolor lutea* etc. (Ackerstiefmütterchen), die man zuvor in Schweden noch nicht beobachtet hatte.

Wir warteten bis ungefähr zwei Uhr nachmittags auf die Rückkehr des Lappen, den ich zur Erkundung ausgeschickt hatte. Er wurde von einer Person begleitet, deren Erscheinung mich zweifeln ließ, ob es sich um einen Mann oder eine Frau handelte. Es war eine Frau, deren Haupt schwarzbraun vom Rauch war. Das pechschwarze Haar hing ihr lose rings vom Kopf herab, darauf trug sie eine flache rote Kappe. Sie hatte einen grauen Kittel an. Ihr Anblick erfüllte mich zuerst wirklich mit Furcht; doch obwohl sie wie eine Furie aussah, wandte sie sich mir mit Mitgefühl und Zurückhaltung zu.

Da meine Gesundheit und Kraft zu diesem Zeitpunkt sehr beeinträchtigt waren, fragte ich diese Frau, ob sie mir irgend etwas zu essen geben könne. „Nur Fisch", war die Antwort.

Ich sah mir den frischen Fisch an, wie er genannt worden war, doch als ich das Maul voller Maden gewahrte, war es um meinen Appetit geschehen. Ich fragte, ob ich vielleicht Renzunge haben könne, erhielt jedoch ein Nein zur Antwort. „Habt Ihr vielleicht Käse aus Renmilch?" fragte ich. „Ja", erwiderte sie, „es ist aber eine Meile entfernt." — „Würdet Ihr mir gestatten, welchen zu kaufen?" — „Es ist mir nicht darum zu tun", antwortete die gute Frau, „daß du in meinem Land Hungers stirbst."

Waldengelwurz *Angelica silvestris*

Zurück nach Umeå

5. Juni

Das Ren leidet im Herbst große Not, wenn der Schnee während des Sommers ganz fortgeschmolzen ist und jetzt plötzlicher Frost den *Muscus coralloides perforatum* (Flechte; *cladonia rangiferina*) zu Eis gefrieren läßt, die seine einzige Winternahrung darstellt. Wenn es an dieser fehlt, hat das Tier keinerlei andere Nahrungsquellen, denn es rührt nie Heu an. Seine Halter fällen Bäume, um das Tier mit Fadenflechten zu versorgen, welche die Zweige der Bäume bedecken. Doch diese Art Futter kann seine natürliche Nahrung nicht ersetzen.

Das Ren ernährt sich auch von Fröschen, Schlangen und sogar von Lemmingen (*mus lemmus*), welch letztere er häufig über eine so große Entfernung verfolgt, daß sie nicht mehr den Weg zurück finden.

Ich war sehr zufrieden, hier die einheimische Art der *Angelica* (Engelwurz) zu finden, von der es nur zwei gibt, nicht drei, *Angelica silvestris* und *Angelica archangelica.*

Die herrliche Vorhersehung der Natur zeigt sich daran, daß sie die Menschheit sogar in dieser Wildnis mit Bett und Bettzeug versorgt. Das *Polytrichum prolif maximum* (Widertonmoos, *polytrichum commune*) wächst mengenweise in den feuchten Wäldern und wird zu diesem Zweck verwandt. Die Leute suchen sich die Pflanzen mit den sternförmigen Köpfen heraus, stechen aus den Büscheln eine Fläche, so groß wie das gewünschte Bett oder Polster, aus und befreien diese von der Erde untenan. Dieses Mooskissen ist sehr weich und schmiegsam; und wenn man ein gleich großes Stück in einen Bezug stopft, kann nichts wärmer oder bequemer sein.

7. Juni

Frühmorgens verließ ich Granön, und während ich den Wald passierte, las ich ein seltsames Insekt auf, *Cantharis niger (cicindela silvatica,* Wald-Sandlaufkäfer); ihn traf ich in großer Häufigkeit in den Kiefernwäldern dieser Provinz.

oben Rentierflechte
Cladonia rangiferina
unten Haarmoos
Polytrichum commune

9. Juni

Bei der Stadt Umeå fand ich auf einem Hügel an einer Stelle, wo es mehrere Quellen gab, drei oder vier bemerkenswerte Moose.

1. Eine Art Moos (*Hypum* oder *Polytrichum*) mit Stiel und Ästen, das schildförmige Blüten trug (die männliche Pflanze von *Phyllinotis fontana*).

Von der Wurzel erhebt sich ein schräger Stengel, ungefähr einen Zentimeter lang, gänzlich bedeckt von Blättern mit sehr scharfen Spitzen. Von dort aus wächst der Hauptstiel senkrecht zwei Zentimeter hoch, purpurn von Farbe, bedeckt mit eiförmigen, spitzen, weißlichen Schuppen, die jede den Stiel halb umschließen. Ganz oben am Hauptstiel endet die Pflanze in einer Art Blüte aus sechs Schuppen. Es ist seltsam, daß all diese Blumen, bei allen aus jeweils vielleicht hundert Pflanzen zusammengesetzten Büscheln, genau bis zur selben Höhe hochwachsen.

2. Dieses Moos (die weibliche Pflanze von *bartramia fontana*) unterscheidet sich vom ersten in den folgenden Besonderheiten: Die Wurzeln (oder Triebe) aus dem Jahr zuvor sind ganz weiß, hingegen die aus gegenwärtiger Jahreszeit sind von einem etwas blassen oder weißlichen Grün. Die Pflanzen haben auch mehr Zweige und sind weniger gekrümmt. Schließlich handelt es sich um eine fruchttragende Art mit purpurnen, fünf Zentimeter langen Stengeln, jeder mit einem kugelförmigen Kopf, größer als bei Moosen üblich, und von grüner Farbe.

3. Hierbei handelt es sich um ein Moos (*bryum bimum*), dessen Stiele und Blätter von blutroter Färbung und regelmäßig sowie abwechselnd geschuppt sind, länglich und spitzig; die oberen bilden einen Kopf an den Spitzen der Zweige wie in Nr. 1, doch die Scheibe liegt nicht frei. Deshalb ist dies das männliche und Nr. 4 das weibliche — beide auf derselben Pflanze zu finden. Das letztere trägt auf einem langen, oben grünlichen Stengel eine längliche, birnenförmige Kapsel. Das Segel ist sehr klein.

An derselben Stelle wie diese Moose fand ich eine große Art Stechmücke, *Culex ibidem maximus (tipula rivosa).*

11. Juni

Da es Sonntag war und fortwährend regnete, blieb ich in Umeå.

links Zeichnung aus dem Reisetagebuch von Linnés

Andromeda polyfolia

12. Juni

Erica palustris pendula etc. (Moorheide) stand in ihrer herrlichsten Pracht und schmückte die morastigen Gefilde in lieblichster Weise. Die Blüten sind tief blutrot, bevor sie sich öffnen, doch wenn sie voll ausgewachsen sind, ist die Blumenkrone fast fleischfarben. Kaum könnte irgendeines Malers Kunst die Schönheit eines anmutigen Frauenantlitzes so glücklich nachahmen; noch weniger könnte irgendeine künstliche Farbe auf dem Gesicht selbst den Vergleich mit dieser lieblichen Blüte ertragen.

Während ich sie betrachte, mußte ich an Andromeda denken, wie sie von den Dichtern beschrieben wurde; wenn diese Dichter die kleine Pflanze im Blick gehabt hätten, sie hätten kaum eine angemessenere Fabel erfinden können. Andromeda wird von ihnen als ein junges Mädchen von köstlichsten, unerreichten Reizen dargestellt; doch diese Reize bleiben nur so lange in voller Herrlichkeit erhalten, als sie ihre jungfräuliche Reinheit bewahrt, und das paßte gut zu der Pflanze, die gewissermaßen gerade Vorbereitungen zu ihrer Hochzeitsfeier traf. Zudem klammert sich die Pflanze sozusagen inmitten der Sümpfe an kleine, rasenbedeckte Hügel, so wie Andromeda selbst an einen Felsen im Meer gekettet war, das wiederum ihre Füßte benetzte — so wie frisches Wasser die Wurzeln der Pflanze. Drachen und giftige Schlangen umringten sie, so wie Kröten und andere Reptilien sich an der Heimstatt ihres pflanzlichen Urbildes tummeln und, wenn sie sich im Frühling paaren, Schlamm und Wasser über ihre Blätter und Zweige spritzen. Und wie das gequälte Mädchen ihr schamhaft gerötetes Gesicht niedersenkt, so läßt die rosafarbene Pflanze ihren Kopf hängen, wird blasser und blasser, bis sie hinwelkt.

Von daher, weil diese Pflanze eine neue Gattung bildet, habe ich für sie den Namen *Andromeda* gewählt.

Flora in einem Sumpf mit Sumpfmoos

1 Gränke *Andromeda polyfolia*
2 Moosbeere *Vaccinium oxycoccus*
3 Zwergbirke *Betula nana*
4 Wollgras *Eriophorum vaginatum*
5 Schwarze Krähenbeere *Empetrum nigrum*
6 Moltebeere *Rubus chamaemorus*
7 Trunkelbeere *Vaccinium uliginosum*
8 Pilzart *Lyophyllum palustre*
9 Sumpfmoos
10 Stechmücke
11 weibliche Wolfsspinne mit Eiersack

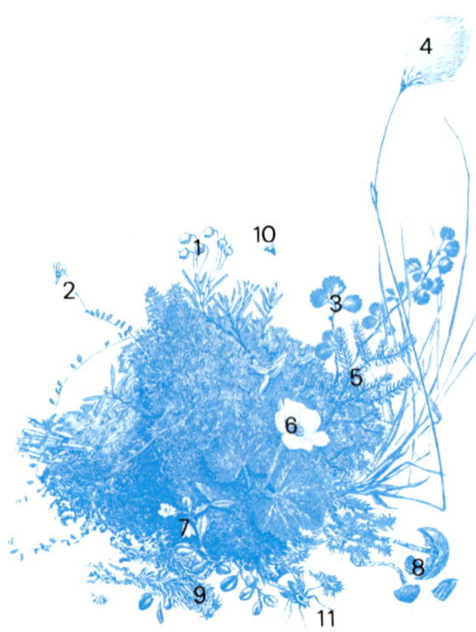

Alt-Piteå

links Gemeines Fettkraut
Pinguicula vulgaris
unten Bitterklee
Menyanthes trifoliata

13. Juni

In der Umgebung wächst *Pinguicula* (gemeines Fettkraut). Die Einheimischen halten sich von dieser Pflanze das ganze Jahr über einen Vorrat, während des Winters bewahren sie sie getrocknet auf und verwenden sie als eine Art Lab bis zur Rückkehr des Frühlings.

Die Äcker in diesem Teil des Landes sind hervorragend. Die Feldfrüchte tragen reichlich, vorausgesetzt, das Getreide leidet nicht unter Frost wie im vergangenen Jahr. Dank dieser Unbilde fand ich allenthalben aus Fichtenrinde gebackenes Brot. Die *Menyanthes* (Missnewurzel) wird selten gebraucht, da sie bitter schmeckt.

14. Juni

Eine Eule zeigte sich, die immer wieder kurz vor mir auf und ab flog. Ich legte meine Büchse an und wagte zu zielen, obwohl mein Pferd in vollem Trab war. Es war eine Viertelstunde nach Mitternacht, aber nicht ganz dunkel. Mit Glück traf ich den Vogel, doch so, daß eine Seite zum Ausstopfen zu stark beschädigt wurde. Es handelte sich um *Noctua dorso fusco* etc. (Falkeneule). Gerade als ich anhalten will, um eine Beschreibung von der Eule anzufertigen, kriecht ein kleiner Käfer aus seinem Gefieder hervor. Den Fühlern nach zu urteilen, war es offensichtlich ein Mistkäfer. Der ganze Körper war länglich, blau oder schwarz schattiert; der Bauch weiß.

15. Juni

Am nächsten Abend kurz vor Sonnenuntergang wurde ich von einer unvorstellbaren Menge von Mücken überfallen. Sie schienen die ganze Atmosphäre einzunehmen, besonders, wenn ich durch niedrige oder feuchte Wiesen wanderte. Sie füllten Mund, Nase und Augen. Glücklicherweise bissen oder stachen sie nicht, doch fast brachten sie mich zum Ersticken.

Genau bei Sonnenuntergang erreichte ich die alte Stadt Piteå, in der Nähe des Anlegeplatzes stand ein Galgen mit einem Paar Räder, auf die die Körper zweier Finnen ohne Köpfe gespannt waren. Die Männer waren wegen Straßenraubs und Mordes hingerichtet worden. Daneben der gevierteilte Leichnam eines Lappen, der eine Verwandte ermordet hatte.

Sofort bei meiner Ankunft in der Stadt besorgte ich mir eine Unterkunft, doch ich lag noch nicht lange im Bett, als ich einen Lichtglanz an der Zimmerwand bemerkte. Der Gedanke an Feuer ließ mich aufschrecken, aber als ich aus dem Fenster blickte, sah ich in voller Röte die Sonne aufgehen — so früh hatte ich das nicht erwartet. Der Hahn krähte, die Vögel begannen zu singen, und der Schlaf war von meinen Lidern verbannt.

19. Juni

Die Leute hier in der Gegend sprachen viel von Bergen, in denen Kobolde spukten; desgleichen von Seen und Fischplätzen, wo niemand, es sei denn, er komme überraschend, etwas fangen könne.

Auf der Insel Langön, drei Meilen von Alt-Piteå, fand ich zu allem Glück unter einer Fichte die *Corallorrhiza* (Korallenwurz) in voller Blüte. Eine sehr seltene Pflanze. Die Wurzel ist durch und durch so dick wie eine sehr kleine Feder, weiß, weich, fleischig, fast horizontal, verzweigt und unterteilt wie eine Koralle.

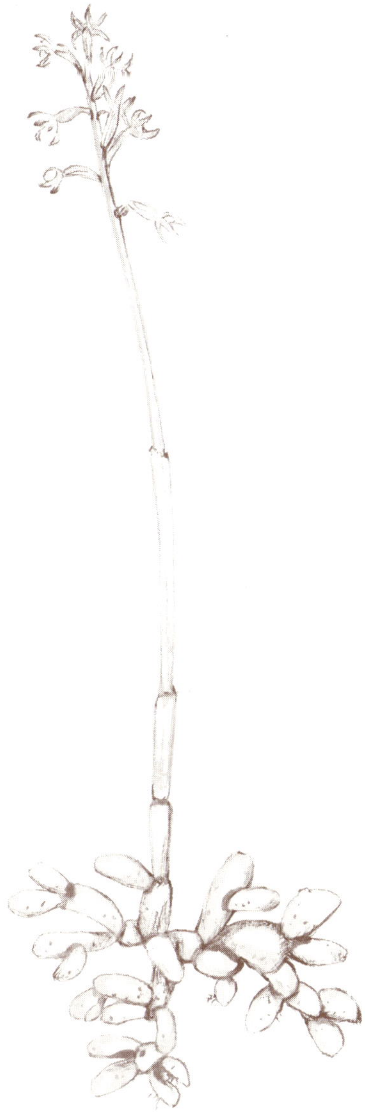

oben Korallenwurz
Corallorrhiza trifida
unten Von Linnés Zeichnung einer Falkeneule *Surnia ulula*

Im Bezirk von Luleå

21. Juni

Ich verließ die alte Stadt Piteå und kam zu der neuen Stadt Luleå.

Die Sümpfe waren jetzt weiß von Büscheln der beiden Arten *Moarna* (Wollgras), dem mit aufrechten und dem mit hängenden Köpfchen. Die Moore waren bedeckt von den weißen Blüten des *Ledum* (Sumpfporst).

Auch die Wälder waren weiß, und zwar von der *Trientalis* (Vogelmiere), dazwischen die kleinen gelben Blüten des *Melampyrum* (Wachtelweizen) und der malvenfarbige *Geranium* (Storchschnabel). Die Wiesen waren ganz gelb vom scharfen *Ranunculus erectus* (Hahnenfuß) und nicht weniger gelb die Felder von der *Brassica campestris* (Feldkohl).

Eine ausladende Weide *Salix arb foliis laro* fiel mir auf, bemerkenswert wegen der Welligkeit bzw. Krümmung zwischen den Zackungen der Blätter. Andere Arten dieses in vielen Formen vorkommenden Baumes waren *Salix arb foliis ulmi* (Salweide), *Salix arb foliis lauri latifolii* (Lorbeerweide) und *Salix pumila* etc. (*salix myrtilloides*).

Ein anderer Typ, eine Buschweide mit flaumigen Lanzettenblättchen, *Salix frutescens foliis, aeleagni lanceolatis, villosus (salix arenaria)*, ist mehr ein großer Strauch und erreicht selten die Höhe eines Baumes.

23. Juni

Dieser Tag und die beiden zuvor, tatsächlich jeder Tag seit dem 18., war sonnig, warm und größtenteils windstill gewesen. Die Wiesen boten einen schönen und herrlichen Anblick, und alles trug dazu bei, Gesundheit und Wohlgefühl des Betrachters zu begünstigen. Wenn der Sommer hier tatsächlich kürzer ist als in jedem andern Teil der Welt, muß man gleichzeitig zugeben, daß er nirgends wunderbarer ist. Nie in meinem Leben war ich von besserer Gesundheit als im Augenblick.

Bodenflora in feuchter Birkenwaldgegend
1 Waldstorchschnabel *Geranium silvaticum*
2 Pilzarten *Boletus sp.*
3 Sumpfherzblatt *Parnassia palustris*
4 arktische Brombeere *Rubus arcticus*
5 Hartriegel *Cornus suecica*
6 Sumpfporst *Ledum palustre*

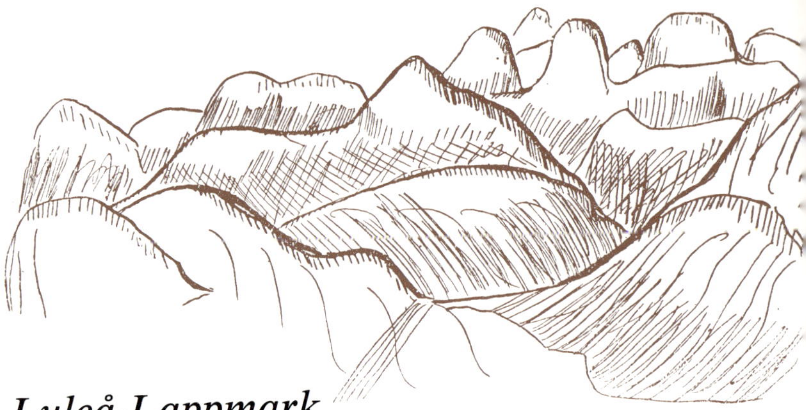

Luleå-Lappmark

Drei neue Pflanzen, denen von Linné in Lappland begegnete
oben Alpengelbling
Sibbaldia procumbens
unten Alpenberufskraut
Erigeron alpinus
gegenüber Silberwurz
Dryas octopetala
(in der letzten Fruchtphase)

28. Juni

In der Nähe von Storbacken, am Zusammenfluß des kleinen und großen Luleflusses, befindet sich die Grenze zwischen Lappmark und Västerbotten. Nach großer Anstrengung erreichte ich schließlich Jokkmokk, wo die Hauptkirche dieses nördlichen Bezirks liegt.

30. Juni

Die geistlichen Herren Malming (gleichzeitig Schulmeister) und Hogling (Hilfspfarrer) marterten mich mit ihrer vollendeten und höchst hartnäckigen Ignoranz. Ich konnte mich nur wundern, wie soviel Stolz und Ehrgeiz, solch skandalöser Mangel an Information und soviel unkorrigierbare Dummheit in Personen ihres Berufes zusammentreffen konnten.

Der Hilfsprediger begann das Gespräch mit Bemerkungen über die Wolken in diesem Landstrich und fuhr damit fort, wie sie beim Vorüberziehen die Berge anstoßen und so Steine, Bäume und Vieh fortreißen. Ich wagte einzuwerfen, daß derlei Vorkommnisse eher der Kraft der Winde zuzuschreiben seien, da die Wolken wohl nichts anheben oder gar fortreißen könnten. Er lachte mich aus und sagte, ich hätte sicher noch keine Wolken gesehen. Mir für meinen Teil schien es, daß er noch nie woanders gewesen sein konnte als in den Wolken. Unser Gespräch ging weiter über andere Naturphänomene, und schließlich gab er mir den gnädigen Rat, etwas auf die Meinung der Leute zu geben, die in diesen dunklen Dingen erfahren seien, und mich nicht nach meiner Rückkehr dadurch zu exponieren, daß ich derart absurde und groteske Ansichten veröffentlichte, wie ich sie jetzt mitgeteilt hätte.

Der andere, der Pädagoge, beklagte, daß die Leute (wie ich) soviel Aufmerksamkeit auf vergängliche Nichtigkeiten verwendeten und in der Konsequenz, leider!, ihre geistigen Güter vernachlässigten. Die Zahl der Schüler unter der Fürsorge dieser Herren betrug glücklicherweise nur vier.

links Von Linnés Zeichnung des Lappländischen Hochgebirges

Milch wird von den Bewohnern Västerbottens vielfältig verwertet; im folgenden die verschiedenen Formen, in denen sie als Nahrung dient:

1. Frisch; ein großer Teil wird im Laufe des Tages getrunken.
2. Frisch gekocht.
3. Frisch gekocht und in Bier geronnen.
4. Sauermilch, vom Rahm befreit und schneidfähig.
5. Sauermilch, mit dem Rahm verzehrt.
6. Butter, wie üblich aus dem Rahm hergestellt, geschüttelt, bis sich der fette Teil löst und obenauf schwimmt.
7. Buttermilch — was beim Buttererzeugen übrigbleibt.
8. Käse aus frischer, erhitzter Milch, in Kalbslab geronnen, dann von der Molke befreit und getrocknet.
9. Die Molke wird gekocht, der sich bildende Schaum abgeschöpft.
10. Die verbleibende Molke wird statt Milch oder Wasser beim Brotbacken verwertet.
11. Dieselbe Flüssigkeit, lange aufbewahrt, bis sie zähflüssig wird, wird den Winter über aufgespart.
12. Die Käsemolke, dickgekocht, wird getrocknet und in Fässern als Zutat bei der Brotherstellung aufbewahrt.
13. „Süßer Käse" — aus frischer Milch, erhitzt, bis sie teilweise verkocht ist; der Rückstand, dick wie Haferschleim, wird frisch gegessen.
14. „Mehlkäse" — Milch, mit Lab zum Gerinnen gebracht, mit Schrotmehl gemischt und gekocht.
15. Frische Milch, auf Blätter des Fettkrauts (*pinguicula*) geträufelt.
16. „Tuchmilch" — die dicke Substanz von Sauermilch wird in einem Tuch aufgehängt, so daß die Flüssigkeit abtropfen kann.
17. „Gäs-mjölk" — man läßt Buttermilch in einem Zuber gären und gießt frische Milch zu. Die sich am Boden bildende Molke wird entfernt und wieder frische Milch hinzugegossen; dieser Vorgang wiederholt sich zwei Wochen lang von Zeit zu Zeit, bis die Milch dick wird; sie schmeckt dann hervorragend.
18. Milch wird mit Sauerampferblättern (*rumex acetosa*) gemischt und bis zum Winter im Magen eines Ren oder eines anderen Tiers aufbewahrt.

1
12
13
11
2
6
4
9
10
3
5
7
8

Im Hochgebirge Lapplands

1 Zweiblütiges Veilchen *Viola biflora*
2 Stengelloses Leimkraut *Silene acaulis*
3 Alpenhornkraut *Cerastium alpinum*
4 Alpenlichtnelke *Lychnis alpina*
5 Cassiope *Cassiope hypnoides*
6 Borstgras *Nardus stricta*
7 Diapensia *Diapensia lapponica*
8 Silberwurz *Dryas octopetala*
9 Roter Steinbrech *Saxifraga oppositifolia*
10 Rosenwurz *Rhodiola rosea*
11 Gletscherhahnenfuß *Ranunculus glacialis*
12 Rauhfußbussard *Buteo lagopus*
13 Morinellregenpfeifer *Eudromias morinellus*

oben hängender Steinbrech
Saxifraga cernua
unten Fetthennensteinbrech
Saxifraga aizoides

Andere Lappländische Pflanzen

1. Juli

Als ich auf dem Weg nach Kiomitis zu dem See Skalk kam, wurde ich von einer Öffnung zwischen den Hügeln überrascht, die im Hintergrund eine Bergkette preisgaben. Ihre Gipfel reichten bis an die Wolken, und tatsächlich ähnelten sie einer Kette weißer Wolken, die sich vom Horizont erhoben. Mit einem Wort, vor mir sah ich das lappländische Hochgebirge.

Als ich abends in Kiomitis ankam, sah ich, wie die Sonne augenscheinlich hinter der Spitze eines hohen Berges namens Harrevarto unterging. Dieses Schauspiel zählte ich unter die nicht gerade geringsten Wunder der Natur. O Herr, wie wunderbar sind Deine Werke!

7. Juli

Nachdem ich vier oder fünf Meilen im Verlaufe der Nacht gewandert war, ging ich morgens in einer der Katen der Gegend schlafen.

Die Bewohner, sechzehn an der Zahl, lagen alle nackt da. Sie wuschen sich, indem sie den Körper abwärts rieben, nicht aufwärts. Das Geschirr wuschen sie mit den Fingern, spritzten mit dem Mund Wasser auf die Löffel, dann gossen sie gekochte Renmilch hinein, die dick war wie Eiermilch und einen strengen Geruch hatte. Des Morgens kamen einige Tausend Stücke Rentiere heim; diese wurden von Männern wie Frauen, auf einem Knie knieend, gemolken.

Meine Gastgeber gaben mir *mesen* zu essen, das ist die Molke, die nach Auskochen des Käses gerinnt und überbleibt; sie wird sehr hart. Der Geschmack war gut, doch die Art, wie der Löffel gewaschen, nahm mir den Appetit: der Hausherr wischte ihn mit den Fingern trocken, während die Frau in ähnlicher Weise die Schüssel reinigte, in der Milch gewesen war, und nach jeder Wischbewegung die Finger ableckte.

An diesem Tag sammelte ich verschiedene Exemplare der folgenden Pflanzen.

1. Hängenden Steinbrech (*saxifraga cernua*), eine weiße Blüte an der Spitze des Stengels.

2. Eine sehr kleine Pedicularis, *Pedicularis flammea* (Läusekraut). Die Blätter sind bräunlich, gefiedert; die Segmente geschuppt. Blüten vier, fünf oder mehr an der Spitze des Stengels. Das Blumenblatt mit aufgerichteter Oberlippe, diese

schmal, zusammengedrückt, bräunlich; die Unterlippe ist horizontal, dreigespalten, safranfarbig wie ganze übrige Blüte.

3. Gelben Steinbrech (*saxifraga aizoides*). Blüte gelb mit großem, flachen Kelch in fünf eiförmigen Segmenten.

4. „Michelia“ (*Azalea lapponica,* Arktischen Rhododendron). Unauffälliger grüner Kelch in fünf stumpfen Segmenten. Ein Blumenblatt, aufgerichtet, nach oben allmählich sich erweiternd, fast bis ganz nach unten zum Boden in fünf ovale Segmente geteilt, purpurn, jedes Jahr abfallend.

5. *Campanula uniflora*; sie unterscheidet sich von der rundblättrigen Glockenblume (*campanula rotundifolia*) darin, daß Blätter und Blüte zum Boden hin stark zusammengezogen sind, so daß die letztere trichterförmig gebildet ist.

6. Eine Lychnis (Leimkraut) mit verhüllter Blüte, *Lychnis apetala.* Eine einzelne Blüte an der Spitze des Stengels. Fünf Blumenblätter, länglich, bräunlich, exakt geformt wie die gewöhnlichen Nägel einer *lychnis*, aber ohne jede Begrenzung. Die Blumenblätter, Staubgefäße und Stempel sind alle im Kelch verborgen.

7. Ein weiches *Cerastium,* das alpine Mausöhrlein (*cerastium alpinum*), das in jeder Hinsicht mit den großblumigen Exemplaren übereinstimmt, außer in der Haarigkeit, den mit weißen Härchen bedeckten Blättern.

An Vögeln sah ich Schneeammern (*emberiza nivalis*), Gelbschenkelwasserläufer (*charandrius pluvialis*) in großer Menge und Steinschmetzer (*motacilla oenanthe*). Allenthalben im Gebirge waren Löcher gegraben — Norwegische Lemminge (*mus lemmus*).

Läusekraut *Pedicularis flammea*

Norwegischer Lemming
Lemmus lemmus

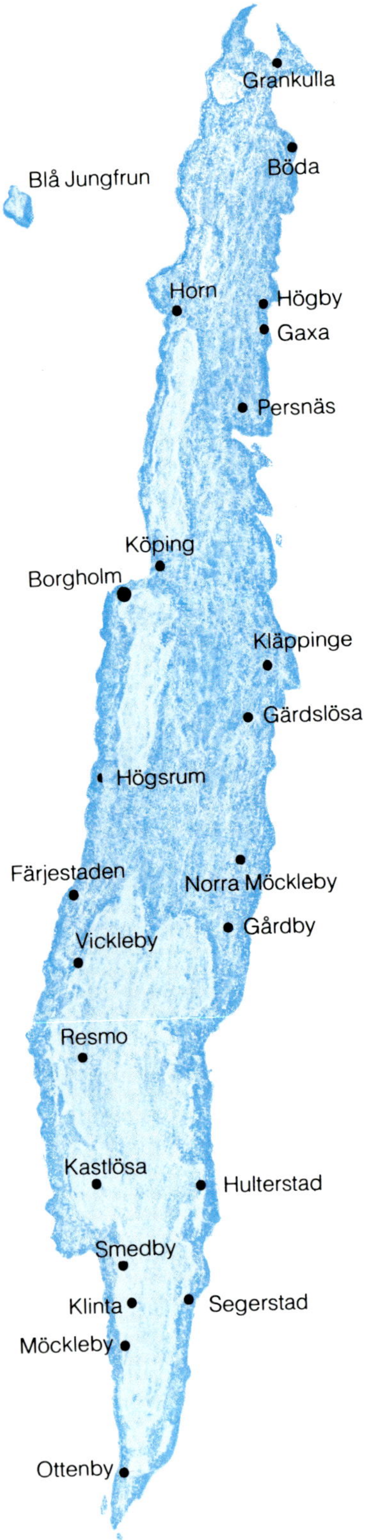

Reisen nach Öland und Gotland

Von Linnés Reisen nach Öland und Gotland sind außerhalb seines Heimatlandes Schweden nur wenig bekannt. Sie sind nicht nur interessant, weil sie die Naturgeschichte, die Landwirtschaft und die Archäologie zweier Ostseeinseln abdecken, sondern auch, weil Linné auf diesen Reisen, genannt Öländska och gothländska Resa, *bei der Beschreibung von Pflanzen zum ersten Mal einen lateinischen Gattungs- und einen Artennamen benutzt hat, das Klassifikationssystem der Doppelbenennung (das* binominale Klassifikationssystem), *für das er berühmt wurde und das er in seinen späteren großen Werken* Species Plantarum *(1753) und* Systema Naturae *(1758) durchweg benutzt hat. Das Ziel seiner auf Bitten des schwedischen Reichstags (Riksdag) durchgeführte Reise war vornehmlich ökonomischer Natur. Schweden war zu der Zeit ein armes Land, und von Linnés Auftrag konzentriert sich auf Methoden der Landwirtschaft, Verwertung von Pflanzen als Nahrung, Medizin, Farbstoff usw. Deswegen findet der Leser seltsame Bemerkungen über Kalköfen, Feldfrüchte, Vieh und anderes. Natürlich war von Linné zuinnerst ein Naturforscher, voll auf die Natur konzentriert. Sein Schreibstil ist einfach und direkt, und er entschuldigt sich sogar: „Mein Stil ist sehr einfach, und das wird mir zweifellos wenig Ansehen bei den Nachtigallen des Plinius einbringen.“*

Karte von Öland

Die alten Ortsnamen aus der von Linnés Zeit sind in Klammern gesetzt.
Persnäs (Pesnäs)
Norra Möckleby (Norre Möckleby)
Gårdby (Gårby)
Klinta (Klint)
Smedby (Smeby)
Vickleby (Wickleby)
Blå Jungfrun (Blåkulla)

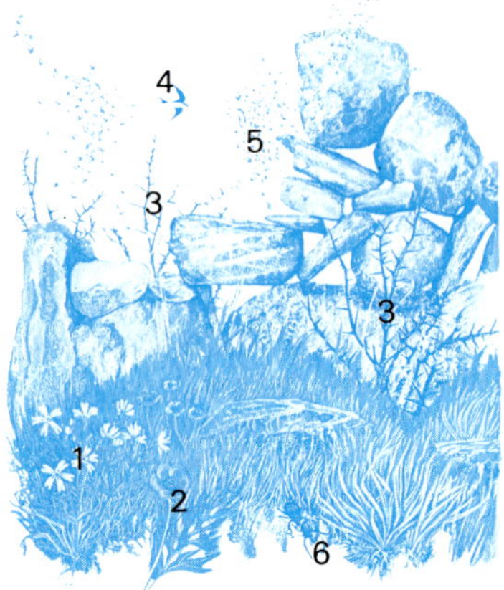

1 Große Sternmiere *Stellaria holostea*
2 Knollenhahnenfuß *Ranunculus bulbosus*
3 Schwarzdorn *Prunus spinosa*
4 Hausschwalbe *Delichon urbica*
5 Zuckmücken (schwärmend) *Chironomus plumosus*
6 Großer Roßkäfer *Geotrupes stercorarius*

Die Reise nach Öland

Die Ostseeinseln boten ein reiches und für wissenschaftliche Erkundungen fast unberührtes Feld; die letzte gründliche Begutachtung war im Jahr 1685 von Rudbeck d.Ä. angeführt worden. So brach von Linné am 15. Mai 1741, im Alter von 34 Jahren und begleitet von sechs studentischen Helfern, von Stockholm auf. Am 28. Mai erreichten sie über den Öland-Sund den Hafen von Kalmar. Heute verbindet eine Brücke die Insel mit dem Festland, zu seiner Zeit dauerte die Überfahrt mindestens zwei Stunden. Öland ist eine lange, schmale Insel, die sich auf einem recht flachen Kalksteinplateau, dem alvar, *erhebt. Die typische Flora der Insel schließt einige wenige Arten ein, die man nicht überall in Schweden findet, so etwa* artemisia oelandica, helianthemum oelandicum, plantago tenuiflora *und* ranunculus illyricus.

Andererseits gibt es auch viele Pflanzen, die man sonst nur auf Gotland findet. Öland weist auch 27 Arten wilder Orchideen auf. In seiner Reisebeschreibung erwähnt von Linné den Besuch auf der kleinen Insel Blåkulla an der Nordostecke der Insel. Dieses interessante Eiland ist jetzt schwedisches Naturschutzgebiet. Der Rest der Insel muß sich drastisch verändert haben, seit von Linné sie gesehen hat, obwohl die meisten Pflanzen noch an derselben Stelle zu finden sind. Die Brücke, die sie jetzt mit dem Festland verbindet (die längste Brücke Europas), hat aus ihr einen sehr populären schwedischen Ferienort gemacht; gewöhnlich hat die Insel trockene, heiße Sommer. Diese Überflutung durch Besucher bringt Geld auf die Insel, führt jedoch auch, zusammen mit landwirtschaftlichen Maßnahmen, zur Zerstörung der unberührten Natur. Glücklicherweise schützen die Schweden ihre Wildpflanzen.

links mit Flechten bedeckter Schwarzdorn, darunter Eichenmoos *Evernia prunastri*

Fossilien

1. Juni

Kaum hatten wir Ölands Küste berührt, war uns klar, daß diese Insel insgesamt anders war als die übrigen schwedischen Provinzen. Also beschlossen wir, alles, was wir auf der Insel sähen, bis ins kleinste Detail aufzuzeichnen.

Die Schlehdornbüsche waren geradezu weiß von einer Flechte, die sie fast ganz bedeckte. *Lichenoides LV Dillenii (Evernia prunastri). Alsine folis lanceolatis serrulatis* (Große Sternmiere), zuvor noch nie als schwedische Pflanze beschrieben, wuchs unter den Wacholderbüschen.

Der Wald, in den wir zuerst kamen, war voller Birken und Wacholder, darunter wuchsen Schlehdorn und Hundsrosen, so daß man nur unter größten Schwierigkeiten durchdringen konnte. Der Boden war ein tiefer und herrlich schwarzer Humus, überall von Schweinen aufgewühlt.

In den trockenen Steinwällen waren viele Fossilien von Orthokeratiten *(helmintholithus nautili recti),* d. s. Geradhornschnecken, zu finden. Eine andere seltsam geformte Versteinerung, die hier häufig vertreten war, kam uns vor wie der Eindruck eines *helmintholithus echini.*

Mücken zu Tausenden, wie riesige Bienenschwärme, flogen von den Büschen nahe dem Ufer auf. Mistkäfer rollten sich im Pferdedung. *Hirundo dorso nigro* etc. (Mauerschwalben) waren unter den Dachrinnen der örtlichen Häuser mit ihren Nestern beschäftigt.

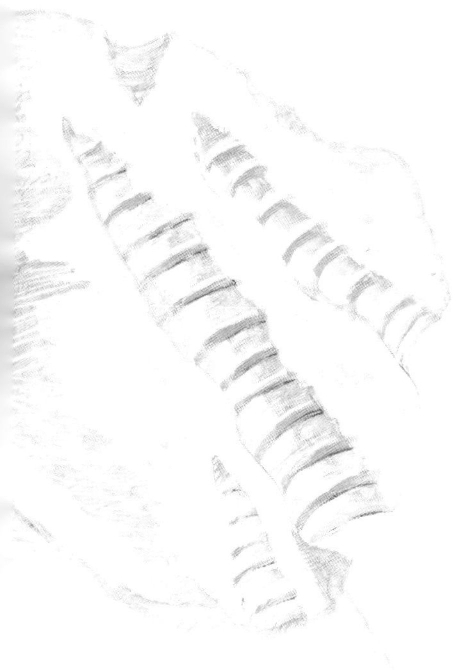

„Öland-Spitzen" — fossile Geradhornschnecke (Orthokeratit)

2. Juni

Wir verließen Färjestaden um vier Uhr in der Frühe. Der Apotheker von Kalmar, Herr Nordstedt, begleitete uns, um nach Heilpflanzen zu suchen. Wir ritten auf das Schloß Borgholm zu. Das Wetter war schön, der Grund war eben, die Drosseln sangen in den Bäumen. Eine Viertelmeile hinter Färjestaden verließen wir die Hauptstraße und ritten nach links auf eine schöne Wiese zu, die zu Björnhovda gehörte. Dieser Bezirk war sehr angenehm, mit vielen Laubbäumen, insbesondere Birke und Hasel. Hier kommen die seltensten Pflanzen vor, von denen man nie zuvor in Schweden gehört hat und die zu sehen ich 1738 von Paris nach Fontainebleau gereist war; dort hatte ich sie gesehen, ohne zu denken, ich würde sie je wiederfinden.

Blühende Wiesen

1 Wiesenlieschgras
Phleum pratense
2 Kleines Knabenkraut
Orchis morio
3 Verbranntes Knabenkraut
Orchis ustulata
4 Fliegenragwurz
Ophrys insectifera, von der Wespe *Gorytes campestris* bestäubt
5 Zusammengedrücktes Rispengras
Poa compressa

Das *Cypripedium bulbis subrotundis* (Fliegenragwurz) weist eine solche Ähnlichkeit mit Fliegen auf, daß eine unkundige Person ohne weiteres glauben könnte, zwei oder drei Fliegen säßen auf dem Stengel. Die Natur hat eine bessere Nachahmung hervorgebracht, als es irgendeine Kunst je vermöchte. Die herrliche *Orchis bulbis indivisis* etc. (Helmknabenkraut) ist nie zuvor in Schweden gesehen worden. Die *Orchis bulbis indivisis* etc. mit feuerroten Spitzen (*orchis ustulata*) ist in Schweden genauso unbekannt wie die beiden andern. Die *Orchis bulbis indivisis* etc. (Kleines Knabenkraut, *Orchis morio*) dagegen ist andernorts nicht unbekannt.

Holunder und Elsbeerbaum wachsen überreich in den Wäldern; deswegen brauchen Apotheker keinen Holundersaft aus Deutschland zu bestellen. *Pulsatilla flore minore nigracante* (Küchenschelle), die ich um Lübeck herum habe wild wachsen sehen, doch nirgends in Schweden, kommt an allen trockenen Flecken vor.

3. Juni

Das Schloß Borgholm steht an der Nordwestseite von Öland auf einem Vorgebirge aus *alvar*. Es ist von beträchtlicher Größe, rechteckig und von Mauern umgeben. Der Boden zwischen Schloß und Mauern ist bis zur Höhe der Mauern mit Erde angefüllt. An jeder der vier Ecken erhob sich ein Turm.

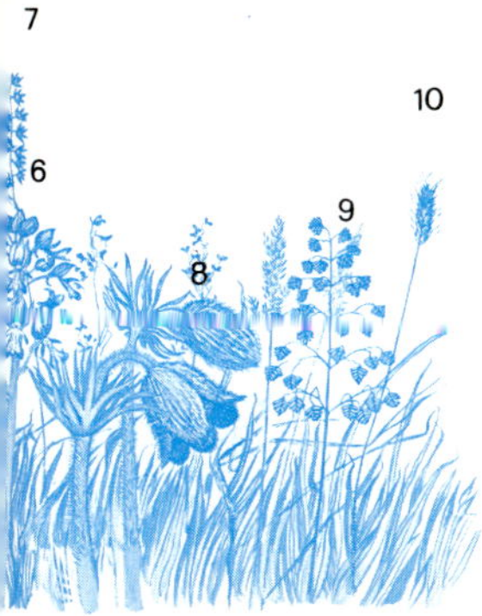

6 Helmknabenkraut
Orchis militaris
7 Nickendes Perlgras
Melica nutans
8 Wiesenkuhschelle
Pulsatilla pratensis
9 Mittleres Zittergras *Briza media*
10 Wiesengerste
Hordeum secalinum

Hier bogen wir von der Hauptstraße nach Helvetesgrind (Höllentor) ab, immer noch vergebens nach Linders Veilchen (*viola odorata*) Ausschau haltend; statt dessen fanden wir den Sanikel (*sanicula europaea*), die Apothekerpflanze, in Hülle und Fülle im Wald unter dem Steilhang. Haselbüsche, sehr klein, kaum zwei bis vier Fuß hoch, aber dennoch voller Früchte, wuchsen hier am Rande des *alvar*.

Diese kleinen Haselbüsche würden sich hervorragend als niedrige Gartenhecken eignen, wenn sie nur so kurz blieben wie diese hier. Jedoch, je tiefer wir den Hang hinabstiegen, um so höher wuchs der Hasel, und im Tiefland waren sie wie gewöhnliche Haselbäume. Das bedeutet, das Grundgestein ist der Grund für die niedrige Größe und nicht seine Natur.

Im Kirchspiel Högstrum nahe Väster-Störby findet man weißen Ton in einem Västerkärr genannten Sumpf; die Einheimischen weißen damit Wände und Kamine. Farbe liefernde Pflanzen, wie sie die Einwohner der Gegend benutzen, sind der wilde Majoran (*origanum vulgare*) für Rot, der Zweizahn (*bidens tripartita*) für Gelbrot und Kreuzdorn-(*rhamnus catharticus*) beeren für Grün.

Mezereon (*daphne mezereum*) wuchs in den Mooren nicht weit von der Kirche. Am Abend gingen wir hinaus, um das Lied der hier *kledra* genannten Vögel zu hören; es stellte sich heraus, daß es Nachtigallen waren, die uns mit ihrem lieblichen Gesang erfreuten.

Die Nacht verbrachten wir in Glömminge.

Die Gegend um das Schloß Borgholm

4. Juni

Limax cinereus maculatus (*limax maximus*) eine große Waldschnecke, war unter den Bäumen zu sehen. Sie war schwarz, mit einem zerfurchten Rücken und wellig fragmentierten Wülsten; die Brust sah aus wie Chagrin. Die Schnecke hatte vier kleine Hörner, und die Pore saß an der rechten Seite der Brust.

Den ganzen Weg über von Björnhovda bis Torslunda führte die Straße durch anmutige Haine.

Die *Potentilla caule fruticoso* (buschiges Fingerkraut) ist ein auf der Welt höchst seltener Strauch, denn bis hierher haben ihn Pflanzenkundler nur in York in England und kürzlich erst in Sibirien gesehen; und jetzt in Südöland. Diese *Potentilla* wuchs büschelweise auf dem *alvar*. Sie ist so groß wie Lavendel, hat gelbe Blüten und stößt jedes Jahr die äußere Rindenschicht ab. Man verwendet den Busch für niedrige Gartenhecken, wo er wohl gedeiht. Die Öländer haben keine Verwendung für ihn, höchstens um daraus Schrubber zu machen, mit denen sie Kessel reinigen.

Wir nahmen Richtung auf Remsö, den Fuß des Abhangs entlang, der zu unserer Linken steil aufragte, dazu das Meer auf der Rechten. Der Weg führte durch die lieblichsten Gehölze, die an Schönheit alle anderen Stätten in Schweden übertrafen und es mit allen in Europa aufnehmen konnten. Sie bestanden aus Linden, Haseln und Eichen. Der Boden war weich und grün, allenthalben die herrlichsten Wiesen und Kornfelder. Einen angenehmeren Zufluchtsort kann es nicht geben für jemand, der müde ist von der Launenhaftigkeit der Welt und sich von ihrer Nichtigkeit in die Ruhe zurückziehen möchte.

Auf den Wiesen sahen wir verschiedene Feenreigen, alle aus *Cynosurus bracteis integris* (blaues Moorgras). Wenn dieses Gras auf flachem Boden wächst, sieht es aus wie ein blauer Kreis, und einfache Leute glauben, er rühre von tanzenden Feen her. Wissenschaftler haben die Erscheinung der Natur des Bodens zugeschrieben, Ausdünstungen oder Pferdedung. Aber hier wird ganz deutlich, daß Feenreigen nichts anderes als dieses Gras sind, das sich nach allen Seiten ausbreitet und schließlich, einen Ring bildend, in der Mitte zu verwelken beginnt.

Die Feldfrüchte hier in Remsö sind so gut, daß die Einheimischen Korn verkaufen und Holzgefäße aus den nördlichen

unten Buschiges Fingerkraut *Potentilla fruticosa*
ganz unten Große Grauschnecke *Limax maximus*
gegenüber oben Steinring
gegenüber unten Blaues Kopfgras *Sesleria caerulea*
gegenüber ganz unten Felssonnenröschen *Helianthemum oelandicum*

Gegenden, wo der Wald ist, zum Gebrauch im Haushalt kaufen können.

Maulwürfe sind selten hier, Wiesel zahlreich, und Schwäne sieht man nur im Frühling. Der schwarze Seetaucher (*uria grylle*) ist ein Meeresvogel so groß wie ein Rabe.

Die Nachtigallen sangen des Abends herrlich. Wir verbrachten die Nacht in Remsö beim Dorfvorsteher.

5. Juni

Ein sehr dicker Eichenstamm, der im letzten Winter gefällt worden war, besaß einen Durchmesser von sieben und ein Viertel Ellen, die Rinde nicht mitgerechnet. Wir zählten die Jahresringe und fanden heraus, daß sie 260 Jahre alt war; wir konnten auch feststellen, daß einige Ringe einander dicht folgten, während andere weiter auseinanderlagen. Als ich über den Grund nachsann, fiel mir ein, daß kalte Winter vielleicht die Ursache für dichtere Ringe sein könnten; also zählte ich die Ringe von der Rinde zur Mitte hin und bis zu den Jahren 1708/1709, dem Jahr eines sehr kalten Winters, und tatsächlich lagen die Ringe dicht beieinander; genauso war es mit den Jahren 1587 und 1658. In dem Baumstamm hatten wir also eine Art Winterchronik vor uns, nach der wir das Wetter zwei bis drei Jahrhunderte zurück verfolgen konnten.

Der Alvar

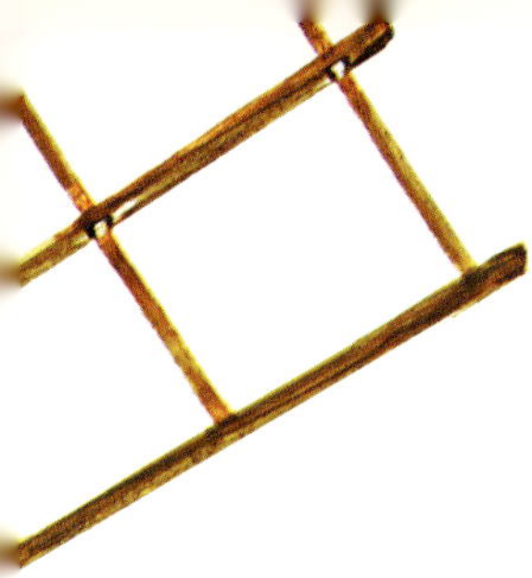

fliegend, links Kiebitz
Vanellus vanellus
fliegend, rechts, und stehend Gelbschenkelwasserläufer
Pluvialis apricaria

Cistus Oelandicus Rudbeckii (Felsenröschen; *helianthemum oelandicum*) war heute ganz üblich auf dem *alvar*; es unterscheidet sich vom *Helianthemum vulgare* darin, daß die Blüten viel kleiner sind, die Kelchblätter nicht zurückgebogen; der Fruchtknoten ist weich, der Griffel gekrümmt, die Narbe rauh, viergeteilt, und die Staubgefäße mit den hellgelben, nicht dunkelgoldenen Staubbeuteln kürzer. Die Blütenblätter sind schmal und gekerbt. Der Schaft ist rot, gerader und glatter. Die Blumen sind sehr oft geschlossen. Es ist deutlich, daß diese Pflanze mit so vielen Unterschieden vom gemeinen *Helianthemum* verschieden ist, zudem in Schweden nur auf Öland gesehen und in ganz Europa sehr selten.

Noch weitere Pflanzen auf dem *alvar* verdienen Beachtung, da sie auf dem trockensten und sterilsten Boden gedeihen.

Eine Achtelmeile hinter der Kirche von Kastlösa war die Gegend zwischem dem *alvar* und der See ganz kahl. Die Bäume waren verschwunden, keine herrlichen Haine mehr, die uns so erfreut hatten. Links auf dem *alvar* lag ein Dorf mit Wäldern und Feldern, die sich nach Osten hin ausdehnten.

Wir waren begierig darauf, einen *alvargrim* zu sehen, einen Vogel, der nur auf dem *alvar* leben sollte und dessen Namen wir zuvor nicht gehört hatten. Kaum hatte ich einen erblickt, erinnerte er mich sehr stark an den Gelbschenkelwasserläufer, den ich zuvor nur in den Bergen von Lappland gesehen hatte. Dieser *Pluvialis* ist so groß wie eine Taube. Kopf, Hals, Rücken, Flügel

und Schwanz sind weiß, schwarz und gelbbraun gesprenkelt. Das kommt dadurch, daß jede Feder schwarz ist mit ein paar gelblich-braunen Punkten an den Seiten und helleren Punkten an der Spitze.

6. Juni

Unsere Reise führte uns durch die Wiesen zwischen Smedby und Möckelby, wo *Adonis radice perennis* (Frühlings-Adonisröschen) und *Chicorium* (Wegwarte) wuchsen, besonders um Klinta herum. Diese Wegwarte (oder wilde Zichorie, *cichorium intybus*), mit ihren herrlichen blauen Blüten, wuchs hier in genügender Anzahl, um alle Apotheken Schwedens zu versorgen. Die Roggenfelder waren gelb von Ackersenf, und die Gerstenfelder waren befallen von der *Serratula carduus* (Korndistel).

Adonis radice perrennis (Frühlings-Adonisröschen), eine Pflanze, die unsere schönsten Gärten schmückt, war auf der Wiese nahe der Kirche von Kastlösa in kleinen, niedrigen Büschen wachsend zu sehen. Wir hatten nie gedacht, es in Schweden wild wachsend zu finden. Die Wurzel ist winterhart, der Stengel 30 cm hoch, verzweigt, und verwelkt im Winter. Die Blätter sind von einem intensiveren Grün als bei jeder anderen Pflanze. Eine große blaßgelbe Blüte mit gelbroten Staubbeuteln sitzt auf jedem Stengel. Ich verstehe nicht, was die Zweige sollen, da nur der Hauptstengel und keiner der Zweige eine Blüte trägt.

Entlang des Wegs zur Kirche von Vickelby sahen wir viele große Hagedornbäume; ein rasender Sturm von der See her wütete über sie hinweg, doch diese zähen, kräftigen Bäume widerstanden dem kräftigen Sturmwind. Wer in waldlosen, flachen Gegenden einen Garten anlegen will, sollte zuerst Hagedorn darum pflanzen, um kleine Bäume zu schützen und vorzubeugen, daß große von starken Winden umgeknickt werden.

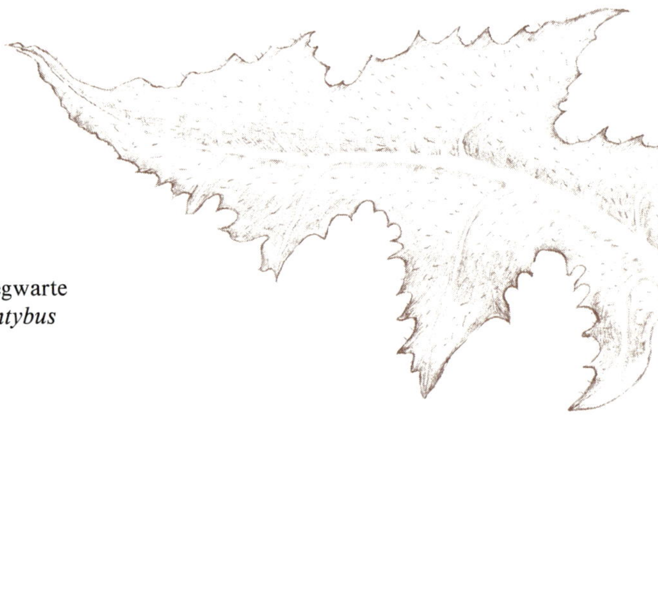

Gemeine Wegwarte
Cichorium intybus

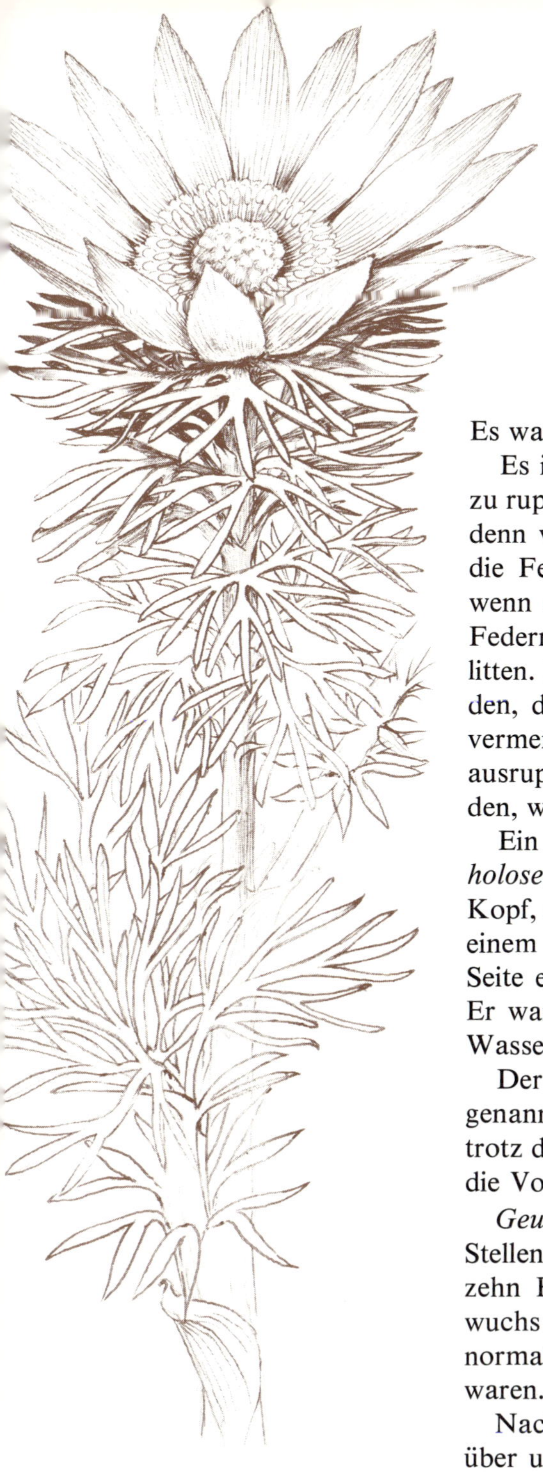

Frühlingsteufelsauge *Adonis vernalis*

7. Juni

Es war Sonntag, daher blieben wir den ganzen Tag in Ås.

Es ist Brauch unter den Einheimischen dieser Gegend, Gänse zu rupfen, während sie noch leben. Das hat sie die Natur gelehrt, denn wenn Enten auf ihren Eiern brüten, rupfen sie sich selbst die Federn aus, um die Eier zu bedecken und warmzuhalten, wenn die Mutter nach Futter sucht. Man erzählte uns, daß die Federn nur lose säßen und die Gänse unter der Prozedur nicht litten. Man sollte diese Methode also in ganz Schweden anwenden, da Federn teuer und unentbehrlich sind. Es sollte jedoch vermerkt werden, daß die Leute den Gänsen nicht alle Federn ausrupfen; nur die unteren, kleinen Federn sollten gerupft werden, wo das Federkleid am dichtesten ist.

Ein hier vorkommender *Acarus* (Milbe; *sericothrombidium holosericeum*) war vollständig rot, mit einem ziemlich kleinen Kopf, zwei Augen und acht Füßen (mit jeweils vielen Gelenken), einem großen Leib, am Kopfende zusammengepreßt, an der Seite erhöht und mit einem rauhen, samtartigen hinteren Ende. Er war kaum von der Wassermilbe zu unterscheiden, doch ins Wasser gesetzt, schwamm er, wußte jedoch nicht, wie tauchen.

Der *Acarus*, der auch *Scorpioaraneus* (*chelifer cancroides*) genannt wird, ging rückwärts, um nicht auf die Nase zu fallen, trotz der breiten „Hände", die er hat, um einen Fall zu dämpfen; die Vorderklauen sind wie bei einem Skorpion.

Geum rivale (Bachnelkenwurz) wuchs hier an verschiedenen Stellen in Hülle und Fülle. Die Blumenkrone hatte zehn bis fünfzehn Blütenblätter, wenige Staubblätter; aus der Mitte heraus wuchs ein Griffel anstelle eines Pistills, wo bei einer ungefüllten normalen Blume ausgebildete Griffel und Pistille vorhanden waren.

Nach dem Gottesdienst rief uns ein Mann zusammen, um uns über uns und unsere Pläne zu befragen. Er hielt uns für Spione und sagte, vor dem letzten Krieg seien drei Spione hier gewesen und in Hulterstad hingerichtet worden; er hatte festgestellt, daß wir alles beobachteten, allem nachspürten und daß ich meinen Begleitern stets und wiederholt eingeschärft hatte, sie sollten Augen für alles haben; daher riet man uns, einen staatlichen Aufseher mitzunehmen, was wir taten.

Das Südkap

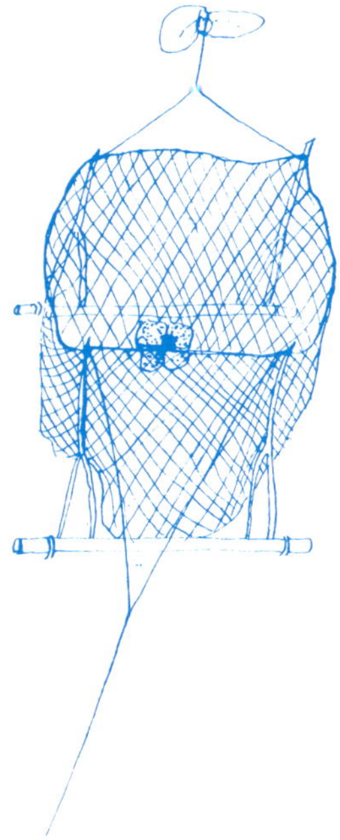

Robbenfangnetz
(Zeichnung von Linnés)

8. Juni

Durch die Haine und Parks von Ottenby reisten wir südwärts zum südlichsten Punkt von Öland.

Mücken, *Tipula thorace virescente* etc. (*chironomus plumosus*) in unbeschreiblicher Fülle bevölkerten die Wälder zum Meere hin. Sie flogen uns in Mund und Gesicht, und man sagte uns, daß zu dieser Jahreszeit das Wild wegen der Mücken die Wälder verlasse und die Felder aufsuche.

Eine Trockensteinmauer kreuzte das Vorgebirge an der Südgrenze des Ottenby-Parks und trennte ihn vom südlichsten flachen Teil der Insel. In der Nähe sahen wir die Ruinen der Rosenkind-Kapelle; früher, in den alten Tagen, als jährlich noch der Hering diese Küsten passierte, wurde sie von den vielen Fischerdörfern hier auf der Insel unterhalten. Jetzt jedoch, seit diese sich abgewandt haben, sind Kapelle und Fischerdörfer verödet.

Austernfischer und Kiebitze flogen kreischend über uns. Wir schossen einen Austernfischer (*haematopus*) und verletzten seine Flügel, so daß er nicht mehr fliegen konnte. Der Partner flog davon, kehrte jedoch fast unversehens um, unwillig, das Opfer im Stich zu lassen. Wir untersuchten den verletzten Vogel; der Schnabel war länger als der Kopf, schmal an den Seiten, noch mehr an der Spitze; diese war gelblich, der Oberkiefer ein wenig länger und hellrot; es gibt keinen anderen Vogel in Schweden mit einem so roten Schnabel. Zwei weiße Vögel, leicht größer als Seemöwen und uns unbekannt, waren an Land zu sehen, doch als wir uns näherten, flogen sie auf. Einer von ihnen war bald geschossen, und man erzählte uns, daß sie nur am Südkap von Öland vorkommen. Der Gefährte flog aufs Meer hinaus, wo er wie eine Ente schwamm. Der Schnabel ist das Bemerkenswerteste an diesem Vogel, dem Säbelschnäbler (*recurvirostra avocetta*; Avosette): schwarz, nach unten gekrümmt, dreimal länger als der Kopf. Er ist um so bemerkenswerter, da es sich um die einzige Art handelt, welche der Schöpfer einen zurückgebogenen Schnabel gegeben hat, den der Vogel wie einen Pflug im Schlick benutzt, um seine Nahrung zu finden.

1 Speerblättrige Melde *Atriplex hastata*
2 Hundskamille *Anthemis cotula*
3 Milchkraut *Glaux maritima*
4 Grasblättrige Melde *Atriplex litoralis*
5 Hering *Clupeus harengus*

Milben findet man auf den meisten Vögeln und Vierbeinern und sogar auf Fischen. Die Austernfischermilbe (*saemundssonia haematopi*) ist so groß wie ein Floh, hart und zäh. Sie rannte schnell weg und war von gelbbrauner Farbe. Die Avosettenmilbe (*pediculus recurvirostrae*) war dunkel und länglich, mit einem fast dreieckigen, von einer Furche durchkreuzten Kopf.

Auf den Feldern sahen wir verschiedene Kiebitznester, meist mit vier graugetönten, ungleichmäßig dunkel und schwarz gepunkteten Eiern. In einem der Eier, das wir öffneten und das einige Zeit unter der Mutter gelegen hatte, sahen wir die sich entwickelnden Fasern des Lebens mit vielen verzweigten blutroten Venen, einem blassen Herzen und zwei schwarzen Augen.

Von hier setzen wir unsere Reise entlang der Ostküste von Öland nach Norden fort. Obwohl wir die *Euphorbia*, genannt *Tithymalus maximus Oelandicus* (Sumpfwolfsmilch) wild in Schweden nie zuvor gesehen hatten, hier in der Mitte eines Feldes, dicht an einem kleinen Bach, wuchs sie in Unmengen, als Sträucher einige Ellen hoch. Der Stamm stirbt jedes Jahr ab; die Blätter sind wechselständig, lanzettförmig und ungeteilt.

Am *alvar* entlang waren kleine Mehlmühlen zu sehen, die nur im Frühling und Herbst von Wasser angetrieben werden. Der Teich, aus Stein und Torf gebaut, war jetzt trocken; zwischen die Steine war Tang gestopft, ein Verfahren, das man in Schweden zuvor noch nicht gesehen hatte, obwohl es der Erwähnung wert ist; Tang vermodert nicht leicht, er schwillt an (und wird sozusagen verjüngt), jedesmal, wenn er naß wird, und dann hält er den Teich besser als irgend etwas anderes wasserdicht.

Die Nacht verbrachten wir in Hulterstad, eine Viertelmeile von Segerstad.

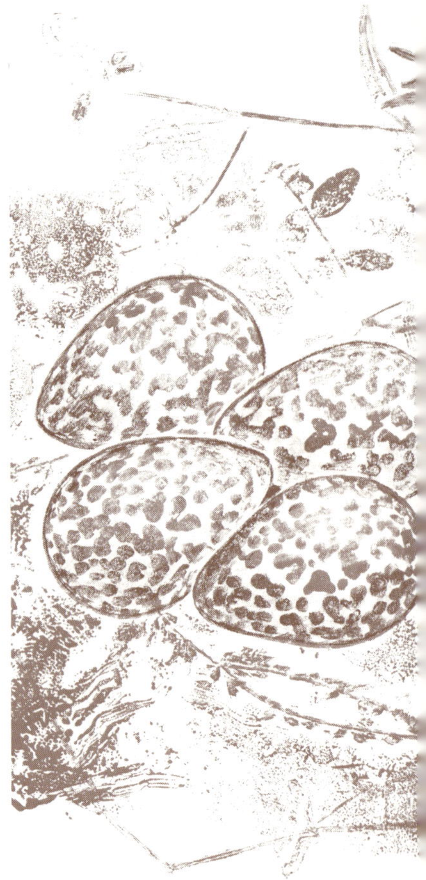

Kiebitznest — gewöhnlich ein Kissen aus verschiedenen Materialien, wie z. B. Gras, Zweigen, Blättern, Moos, alles in der Nähe gesammelt

9. Juni

Alsbald nach dem Aufstehen begaben wir uns zum Strand. Das Gras war naß vom Tau, und die Feldlerchen zwitscherten in der Luft.

Wagenladungen von Tang (*fucus*) wurden von der Küste auf die Felder gebracht und dort aufgehäuft. Ein Mann breitete ihn dann über das Feld aus, und ein anderer pflügte ihn unter den Boden, so daß über der Oberfläche nur noch die Spitzen zu sehen waren, um die Feldfrüchte zu schützen, wenn sie aus dem Saatgut aufsprossen. Die Bauern erzählten uns, daß der Tang sich auf sandigen Feldern bald in Humus verwandele, obwohl er keinen sehr reichhaltigen Dünger darstellt.

Alle an der Küste wachsenden Pflanzen wandeln sich in fleischige Arten, auch wenn die Mehrzahl von ihnen, wenn sie an andern Stellen wächst, gewöhnliche dünne, trockene Blätter auf weist. Solche Pflanzen waren *Atriplex angustissimo longissimo folio* (grasblättrige Melde; *atriplex litoralis*), *Plantago latifolia* (großer Wegerich), *Galux* (Meerstrandsmilchkraut; *glaux maritima*) und *Galium luteum* (gelbes Labkraut; *galium verum;* Johanniskraut).

Scarabaeus niger etc. (Käfer; *carabus nitens*) rannte über den Strand; als wir ihn fingen, spie er sein Gift aus, um sich vor uns zu schützen.

Melampyrum spicis conicis laxis laceris (Feldwachtelweizen) wuchs, mit purpurnen Spitzen und geraden Stengeln, auf den Kornfeldern, eine Pflanze, die man zuvor nur in Skåne, unter Feldfrüchten wachsend, festgestellt hatte.

Norre Möckelby lag eine halbe Meile von Garby entfernt, doch da wir nichts Bemerkenswertes sahen, gingen wir weiter zur Kirche von Runsten, ein Marsch von einer halben Meile.

Breitwegerich *Plantago maior*
und Heidelaufkäfer *Carabus nitens*

Die Ostküste entlang

11. Juni

Südlich der Kapelle von Kläppinge hatten wir Gelegenheit, einen Lumpenfisch (*cyclopterus lumpus*; Seehase) zu sehen; man sagt, er werde selten gefangen und dann nur beim Nahen eines Sturms. Ein *kuder* genannter Fisch wurde hier und an anderen Orten erwähnt, wir hatten aber keine Gelegenheit, ihn zu sehen; nach der Beschreibung war er identisch mit dem Hammelfleischfisch (*zoarces viviparus*) von Småland.

An wenigen Stellen war Hanf und Flachs zu sehen, beide hier ungewöhnlich und in der Tat nicht überall üblich. Am Vorgebirge Lillholmen ist das Land niedrig, ohne Hügel; der Meereswind bläst beständig darüber, weswegen der Färberwaid (*isatis tinctoria*) hier gut gedeiht. *Artemisia foliis compositis* etc. (Meerwermut) wuchs in solchen Mengen auf dem Inselchen, daß

oben Blasentang *Fucus vesiculosus*
unten links Dänisches Löffelkraut
Cochlearia danica
unten rechts Seehase (Lump)
Cyclopterus lumpus

alles weiß gefärbt erschien; er roch angenehm stark. *Chochlearica danica repens* (frühes Löffelkraut) mit seinen fünfeckigen Blättern und weichen Schoten wuchs hier am Ufer jede Menge; diese Pflanze ist wegen ihrer Wirkung gegen Skorbut so bekannt, daß man nicht in die Einzelheiten gehen muß.

Das Große Windröschen (*anemone silvestris*) fanden wir üppig wachsend unter den Steinen an den Rändern der Kornfelder, kurz bevor wir zum Dorf Husvalla kamen. Diese hübsche große Blume sollte allgemein in Gärten angepflanzt werden, besonders da sie sehr lange blüht. Diese Anemone ähnelt der Waldanemone, ist kahl, doch bei dieser sind Stengel, Blattstiele und die Unterseite der Blätter mit weißen Haaren bewachsen; diese Blume hat fünf Blütenblätter von ovaler Form und am Ende oft eingekerbt, dagegen hat die Waldanemone gewöhnlich mehr Blütenblätter, die noch tiefer eingekerbt sind.

Die Reise ging weiter, wir sahen viele Sümpfe längs des Weges; ein starker Südwest wehte, und dann und wann fiel Regen, bis spät abends, als wir das Gasthaus von Södvick erreichten; dort verbrachten wir die Nacht, eine Viertelmeile von Besnäs entfernt.

12. Juni

Das hier angebaute Getreide ist meistens Roggen; es gibt nur wenig Gerste, da der Sandboden bei Trockenheit zu hart ist.

Das Wildschwein ist im nördlichen Bezirk stark verbreitet und fügt den Bauern viel Schaden zu, da sie gleich einem Pflug den Boden aufwühlen und die Früchte niedertrampeln; sie stöbern herum, schieben das Getreide wie zu Garben zusammen und können sich so bei jedem Biß das ganze Maul mit Ähren füllen. Manchmal paaren sie sich mit Hausschweinen, was ziemlich wilde Nachkommenschaft ergibt.

Die *Orchis militaris minima* wird hier *krutbrännare* (brennendes Schießpulver) genannt, ein passender Name, da die Blüten an der Spitze brennend-rot sind, die kleinen Knospen an der Spitze hingegen schwarz, wie das Bild eines Feuers.

Campanula hispida etc. (Glockenblume; *campanula cervicaria*) im übrigen Schweden sehr selten, war hier auf den Wiesen ganz verbreitet; der Stengel ist ziemlich hoch, ohne Zweige, ungleichmäßig fünfeckig und mit durchsichtigen, zurückgebogenen Borsten übersät; die Blätter hatten wellenförmige Ränder.

Asperula Rubia Cyanchica dicta (*galium triandrum;* eine Labkrautart) wuchs auf den Wiesen in Unmengen; es hat rote buschige Wurzeln, die man zum Färben versuchen sollte, denn die Pflanze ist nahe verwandt mit dem *Galium album* (nördliches Labkraut).

Heute sahen wir keinerlei besonders interessante Insekten, außer der Blattlaus *Aphis cirsii:* dunkel, mit sechs Reihen erhabener Punkte auf dem Rücken; die Flügelspitzen, die Füße und die echten Hörner schwarz, die Schenkel weiß bis zum Ansatz.

Am hiesigen Pfarrhaus gab es einen Garten. Als wir fragten, warum Gärten auf Öland so selten seien, erhielten wir die Antwort, daß das Wild im Winter die Gärten aufsuche, wenn die Schneedecke höher als die Mauern sei, und die Bäume abfresse, deren Rinde zudem von den Hasen abgefressen werde.

Um Hasen zu fangen, fertigt man im Winter auf dieselbe Art Fallen wie für die Wölfe: Man hebt eine Grube im Schnee aus, legt Kohl an den Rand und bedeckt die Falle halb mit Schnee.

Die Nacht über blieben wir in Pesnäs.

13. Juni

Morgens brachen wir auf in Richtung Gaxa, wo die Hauptstraße endet. Graswürmer in großen Scharen vernichteten auf den Wiesen, was grünte und blühte. Jede Raupe (*Eruca*) war etwa einen Finger lang, hatte 16 Füße, und der ganze Körper war mit gelbem Haar überdeckt. Wir warfen sie den Hühnern vor, doch diese wagten sich nicht an das neue Futter.

Weiter führte uns die Reise zu dem Dorf Långrum. Zwanzig Paare junger Eichen waren alleeförmig längs beiden Seiten der Straße angepflanzt worden; vor dem Vieh wurden sie durch mannshohe, zusammengebundene Pfähle geschützt.

Mittags erreichten wir Gaxa; weißer, vom Meer aufgeworfener Sand lag in großen Mengen am Strand. Am Rand des Wassers häufte sich der Tang auf, Sand wurde darüber geworfen und bildete so Sandbänke und Inselchen. Sicherlich hat die Natur hier auf diese Weise das ganze Land entstehen lassen.

Nie zuvor hatten wir den Tang gesehen, den Pflanzenforscher *Fucus dichotomus ramosissimus* etc. *(furcellaria fastigiata)* nennen. Er war nicht dicker als ein Faden, gerundet und dicht verzweigt und gegabelt; alle Zweige waren von gleicher Länge, so daß er am oberen Ende abgeschnitten wirkte. *Potentilla* (Silbertang) wuchs direkt im Sand, und *Senecio minor vulgaris* (Kreuzkraut) auf dem verfaulenden Seetang. Der *Phalaena seticornis spirilinguis* etc. (Zinnoberfalter; *hypocrita jacobaeae*), ein herrliches Geschöpf, flatterte überall am Strand; seine Raupe ernährt sich vom Kreuzkraut. Der Körper war schwarz, die Fühler borstenähnlich, und er hatte zwei Spiralzungen; der Flügel hatte oben eine rote längs der Vorderkante verlaufende Linie, und an der Spitze und am hinteren Ende war ein roter Punkt.

Cicindela viridi-aenea etc. *(elaphrus riparius)*, ein kleines hellgrünes Insekt von kupferner Färbung, sprang schnell über den Strand. Kopf, Brust, Hinterleib und Füße glitzerten wie Kupfer oder Gold; der Hals war dünn, und die dunklen Augen ragten aus dem Schädel hervor. Die Flügel waren grün mit einem kupfernen Anstrich und hatten innen große ausgehöhlte Punkte.

Die Fliegenragwurz (*ophrys insectifera*) wuchs in Unmengen auf einer Wiese in der Nähe. Das ansehnliche wollige Honiggras (*holcus lanatus*), das in Holland sehr verbreitet ist, wuchs an manchen Stellen um Gaxa herum.

Der Tag war windstill und schön; nach Sonnenuntergang bildeten die Wolken runde Landschaften am Horizont.

Wir blieben die Nacht in Gaxa, um auf ein Schiff nach Blåkulla zu warten.

links Roggen *Secale cereale;* Drahtwürmer, die Larven des Schnellkäfers *Agriotes lineatus*, eine ernste Plage für die Landwirtschaft

unten Zinnoberfalter *Callimorpha jacobaeae* mit Raupe, Gemeines Greiskraut *Senecio vulgaris* fressend

Blå Jungfrun —
Insel der Blauen Jungfrau

1 Föhre *Pinus silvestris*
2 Birke — von Linné nannte sie bei seinem Inselbesuch *Betula verrucosa*
3 Stieleiche *Quercus robur*
4 Eberesche (in Buschform) *Sorbus aucuparia*
5 Efeu Hedera *helix*
6 Vielblütige Weißwurz *Polygonatum multiflorum*
7 Espe *Populus tremula*
8 Wandflechte *Xanthoria parietina*
9 Rentierflechte *Cladonia rangiferina*

15. Juni

Unmittelbar nach Mittag brachen wir nach Blåkulla auf. Wir eilten zum Strand und steuerten ein Boot zu dem zwei Meilen entfernten Blåkulla genannten Felsen, der sich blau wie eine Halbkugel aus dem Wasser erhob. Nordwind kam auf, die Wellen schlugen hoch, und ein heftiger Sturm erschütterte das Boot; alle hatten wir unter Lebensgefahr hart zu arbeiten; schließlich kamen wir todmüde an.

Die kleine Insel Blåkulla liegt zwischen der Nordspitze von Öland und Småland. Die Leute sagen, daß jeden Gründonnerstag alle Hexen hierherkommen müßten; in der Tat eine beschwerliche Reise, und wenn ein Platz in der Welt schrecklich aussieht, dann ist es dieser. Die Insel besteht aus einer Felsenmauer, innerhalb dieser liegt ein niedriger Laubwald aus Eichen, Birken usw.; dann wieder Felsen, dann niedrige Waldungen, dann noch höhere Felsen, der höchste in der Mitte. Der Felsen besteht aus spatähnlichem Gestein, stellenweise von pechschwarzen *Lichenoides* (Flechten; *parmelia dentata*) überwachsen; zusammen mit dem Dunst bewirkt dieses die blaue Farbe von Blåkulla. Das Dickicht war fast undurchdringlich; bemerkenswert, daß die Sträucher über und über von Efeu umwunden waren, der allenthalben wuchs wie Erbsen und Winden. Tiefe Risse und Kanäle waren vom Meer aus Felsen und Grund herausgearbeitet worden, und sogar auf den höchsten Felsen gab es an Wellen erinnernde Zeichen dafür, daß auch dort in früheren Zeiten das Meer getobt hatte.

Nachmittags verließen wir Blåkulla, Wind und Wellen trieben unser Boot an; zwischen der Sonne und unserem kleinen Schiff lag die Insel. Nach unserer Rückkehr ritten wir unverzüglich nach Gaxa zurück.

Das Nordkap

17. Juni

Wir verließen Gaxa und die Kirche von Högby Richtung Böda und weiter zur Ostseite von Öland hin. Die Straße führte abwechselnd durch Eichen- und Haselwälder sowie Kiefernwälder. Von Böda wandten wir uns nach Norden, da wir den nördlichsten Punkt von Öland sehen wollten. Durch einen großen Wald führte der Weg nach Sjötorp.

Der Wald bestand aus Föhren, Kiefern und Wacholder; die Föhren, gut als Bauholz geeignet, erheben ihre Zweige zur Sonne hin; die Kiefernzweige hängen herab, und der Wacholder wächst in Büschen. Renmoos bedeckte die höhergelegenen Stellen. Heidelbeeren, Preiselbeeren und Heidekraut färbten das Grün des Bodens. Meine Blume, *Linnaea borealis*, das Erdglöckchen mit seinen Paaren herabhängender Blüten, wuchs tief im Walde und zeigte an, daß der Platz seit Menschengedenken nicht gebrannt hatte. *Trientalis* (Vogelmiere) wuchs auf den Abhängen, die Blüten hingen herab, da es den ganzen Tag geregnet hatte. An den sumpfigen Stellen stand die Gränke (*andromeda polifolia*) in Blüte, und ebenso *Pteris* (Adlerfarn; *pteridium aquilinum*) hier und da in den Lichtungen.

Sjötorp, ein Bauernhof, eine Meile von Böda entfernt, war der Endpunkt der Reise dieses Tages über Sandboden hin zu einem herrlichen schwarzen Boden; der Hof war mit hohen Zäunen gegen das Wild umschlossen. Man gewährte uns Obdach gegen Regen und Dunkelheit.

18. Juni

Von Sjötorp begaben wir uns zum nächsten Weiler, Grankulla. Gleich bei unserer Ankunft stellten wir fest, daß das ganze Gebiet zwischen See und Weiler voller Sandhügel war. Strandhafer (*ammophila arenaria*) wuchs büschelweise auf den Sanddünen und verhinderte, daß der Sand fortgeweht wurde; wir versuchten, Wurzeln auszugraben, doch sie gingen so tief, daß wir das untere Ende nicht finden konnten, und waren dick wie Bindfäden, mit unzähligen Verästelungen. *Carex spica composita* etc. (Sandsegge, große Quecke) wächst mit kriechenden Wurzeln unter dem Sand; sie bringt kleine Büschel von Halmen und Blättern hervor, mit einem gleichmäßigen Abstand von etwa einer Viertelelle, als wären sie längs einer Schnur gepflanzt worden.

In den Wäldern auf den Sandwehen wuchs *Iberis foliis sinuatis* etc. (Schäferkresse).

links, von oben nach unten
Wacholder *Juniperus communis;*
Adlerfarn *Pteridium aquilinum*

unten, von oben nach unten
Siebenstern *Trientalis europaea;*
Schäferkresse
Teesdalia nudicaulis;
Langblättriges Waldvögelein
Cephalanthera longifolia

Wir verließen die Sandhügel und wandten uns westwärts zur Bucht. *Jasione* (Berg-Sandglöckchen) und *Spergula* (Ackerspörgel) wuchsen auf dem sandigen Feld, das nach einjähriger Bebauung immer vier oder fünf Jahre brachliegen mußte. Auf der Straße sahen wir, wie Teer destilliert wurde, und an der Bucht wurde Kalk gebrannt.

Von Ölands Nordspitze führte uns der Weg nach Süden, denn wir folgten jetzt der Westküste wie zuvor der Ostküste. Vor uns sprang ein Hase den Strand entlang.

Färberwaid (*Isatis s. Glastum*) wuchs hier wild auf dem Strand. Die Wurzel ist dünn und überlebt nur zwei Jahre; im ersten Jahr blüht er nicht; die Wurzelblätter sind oval, schmaler im Ansatz, mit zackigen Rändern, weich und nicht rauh. Der Stengel ist $\frac{1}{2}$ bis eine Elle hoch. Der Blütenstand hat Blüten mit gelben übergreifenden Blüten. Die Früchte hängen herab. Wenn man diese Pflanze kaut, schmeckt sie zuerst nach Kohl, dann scharf wie Kresse. Die Leute benutzen diese Pflanze zum Blaufärben.

Nachdem wir eine Zeitlang dem Ufer gefolgt waren, führte der Weg nach links in einen Wald.

Serapis radicibus fibrosis etc. (schmalblättriger Sumpfwurz), eine Pflanze, die wir zuvor nie gesehen hatten, kam hier in dem wilden Wald vor. Die Straße nach Torp durch den Wald zeigte uns jede Menge *Sanicula (Sanikel),* und *Pyrola scapo uniflora* (einblumiges Wintergrün) stand in voller Blüte.

Wilde Apfelbäume wuchsen überall im Pfarrbezirk von Böda und trugen viele Äpfel, aber die Bauern haben keine Verwendung für sie, außer zur Schlachtzeit im Herbst, wenn sie ein paar davon in die Fleischsuppe tun. Man könnte aus den Äpfeln, wie es die Bauern in England oder der Normandie tun, den herrlichen Cidre oder Apfelsaft auspressen, der es an Geschmack häufig mit Wein aufnehmen kann und weit angenehmer ist als das Meerwasser, mit dem, wie wir sahen, die Arbeiter in den Steinbrüchen ihren Durst stillen.

Den ganzen Tag über konnten wir nichts zu essen bekommen; die Vorjahresernte war knapp gewesen, und die Bauern hatten nicht genug Brot für sich selbst; bei einigen hatte es nicht für einen Monat, bei anderen nicht für ein halbes Jahr gereicht. Nach viel Zureden bekamen wir einen Schluck Milch, sonst nichts.

Wir logierten in Byrum, wo wir die ganze Nacht über von Stechmücken gepeinigt wurden, als seien wir in Lappland gewesen.

Stranddistel und Ameisenlöwe

19. Juni

Heute verbrachten wir die Zeit auf den Sandhügeln, die wir gestern spät abends verlassen hatten.

Formica-leo (Ameisenlöwe) ist der Name eines Insekts, das nur wenige Leute in Schweden gesehen haben; wir hatten unseren Spaß daran. Auf der weichen Oberfläche der Sandhügel waren Spuren zu verfolgen wie von der Schnur einer Peitsche, die lose über den Sand gezogen worden war; am Ende der Spur war eine Vertiefung, wie der Eindruck des schmalen Endes eines Eies im Sand. Als wir diese Vertiefungen untersuchten, fanden wir das Insekt zwischen den feuchten und trockenen Schichten des Sandes. Es war so groß wie eine Spinne, grau, mit großem ovalem Bauch. Der Hals war schmal, und am Mund saßen zwei an der Spitze leicht gekrümmte Klauen. Diese Ameisenlöwen sind die Larve der „Fliege“ *Mermerobius (myrmelion formica-leo)*, die ihre Eier in den Sand legt, gewöhnlich in der Nachbarschaft eines Ameisenhaufens. Wenn die Brut den Eiern entschlüpft ist, gräbt sich die Larve in den Sand hinein, wobei sie sich ein Loch schafft, und wartet dann. Wenn die Ameisen

unterwegs sind, um ihren verschiedenen Aufgaben nachzugehen, geraten sie manchmal an den Rand des Lochs, fallen hilflos hinab und werden von dem Ameisenlöwen angegriffen und verschlungen. Als wir eine Ameise in das Loch setzten, um alles genau zu beobachten, stellten wir fest, daß der Ameisenlöwe, wenn die Ameise sich mühte herauszukommen, Sand über sie warf, so daß sie ausrutschte und direkt in des Löwen Klauen geriet.

Hier am Strand wuchs auch *Eryngium foliis radicalibus* etc. (Stranddistel); die Pflanze wurde in Schweden noch nicht beschrieben. Die Wurzeln reichen tief in den Sand, und die Schößlinge, die noch nicht ganz die Oberfläche erreicht haben, sind weiß und stämmig wie Spargel und schmecken gut, sogar roh. Die Sprosse dieser Pflanze, gekocht und wie gewöhnlicher Spargel gegessen, sind eine Delikatesse; sie sind harntreibend, reinigen das Blut und wecken die Lebensgeister.

Wir fanden einen toten Mistkäfer am Strand, *Scarabaeus maxillis lunulatis* etc. *(scarabaeus tridentatus)*. Kopf, Hals und Bauch waren dunkelbraun, mit kleinen eingetieften Punkten. Die Brust war unten haarig und an den Seiten stachelig. Die Kreatur war so groß wie ein Hirschkäfer, aber mehr abgerundet.

Ameisenlöwe *Myrmeleon formiciarius* mit *(links)* Larve in seiner Höhle und *(rechts)* ausgewachsenem Tier (fliegend)
Waldameisen *(Formica rufa)*

Stranddistel *Eryngium maritimum*

Ringelnatter *Natrix natrix*

Die letzten Tage auf Öland

Auf den Bäumen hier war *Papilio apiformis* (Hornissenschwärmer; *aegeria apiformis*) zu finden, an Form und Größe einer Biene ähnlich; die Flügel waren weiß mit schwarzen Äderchen, die Vorderflügel in der Mitte und an den Spitzen schwarz; der Leib war ebenfalls schwarz mit zwei blaßgelben Streifen und einem blaßgelben Gürtel, an der Spitze borstiger und rostfarben.

Als wir Byrum erreichten, nahm uns Superintendent Sahlsten mit nach Horn. In unserem Namen vereinbarte er mit einigen Bauern, uns mit den ersten günstigen Winden nach Gotland hinüberzuschiffen.

20. Juni

Während wir in Horn ausruhten und auf besseres Wetter warteten, verbrachten wir die Zeit damit, nach Pflanzen, Insekten und anderen weniger bekannten schwedischen Tieren zu sehen. Das merkwürdige Insekt *Curcilio niger* etc. (Haselblattroller; *apoderus coryli*) hatte dichtgepunktete Flügeldecken; die Brust war rot, weich und schmal. Der Kopf glich dem eines Hundes mit kurzer Schnauze; die Augen wölbten sich vor.

Eine Ringelnatter wurde erlegt; sie hatte einen grauen Rücken und einen schwarzen Bauch; eine Reihe weißer Schuppen lag an jeder Körperseite; unter Kinn und Schlund war sie weißlich und auf dem weißen Oberkiefer an den Ohren hellgelb mit querlaufenden schwarzen Linien. Alle Zähne waren von gleicher Größe, daher ist die Schlange nicht gefährlich.

Auf dem Feld wuchs *Draba foliis caulinis* etc. (Hungerblümchen). Die Blütenspitze ist lang und die Hülsen eierförmig und zusammengedrückt, die Wand zwischen den Kammern so breit wie die äußere Wand.

In den Pfarrbezirken von Högby und Böda wurden vermittels Robbensteinen und senkrechten oder horizontalen, aus Pferdehaar gefertigten Netzen Robben gefangen.

21. Juni

Um 9 Uhr abends setzten wir Segel, nachdem wir nur ein paar Stunden auf günstigen Wind gewartet hatten. Der Südwest trug unser Schiff vom Land fort, das unseren Blicken zur selben Zeit wie die Sonne entschwand, und der Schlaf schloß unsere Augen.

Robbe *Phoca vitulina*

Die Reise nach Gotland

Von Öland segelten von Linné und seine Begleitung nach Gotland; am 22. Juni 1741 landeten sie in der Hauptstadt Visby. Gotland ist größer und hat eine abwechslungsreichere Landschaft als Öland und ist botanisch nicht minder interessant. Auf dieser Insel vorkommende besondere Pflanzen sind arenaria gothica, pulsatilla patens, pinguicula alpina *und* inula ensifolia. *Die Gruppe verbrachte über einen Monat die Insel durchwandernd, Besuche auf den Karlsö-Inseln vor der Ostküste eingeschlossen, die heute wegen ihrer Meeresvogelkolonien berühmt sind. Auf der kleineren dieser beiden Inseln entdeckte von Linné eine der seltensten schwedischen Pflanzen,* lactuca quercina. *Andere Raritäten waren* artemisia rupestris *und* gypsophila fastigata.

Karte von Gotland. Die alten Städtenamen aus von Linnés Zeit stehen in Klammern.

Visby (Wisby)
Lummelunda (Lummelund)
Ire (Ihre)
Kappelshamn (Capelhamn)
Rute (Ruthe)
Fårön (Fåröen)
Gothem (Gothum)
Kräklingbo (Krk̈lingebo)
Hamra (Hambre)
Fardhem (Fardum)
Stora Karlsö (Stora Carlsö)
Lilla Karlsö (Lilla Carlsö)
Klinta (Klint)

Stadtmauer von Visby mit (*unten links*) Natternkopf *Echium vulgare* und *(rechts)* Lämmersalat *Arnoseris minima*

22. Juni

Wir erwachten bei Morgengrauen um zwei Uhr; die Karlsö-Inseln lagen vor unseren Augen. Der Wind ließ langsam nach, das Schiff glitt voran. Die Küsten der Inseln erschienen immer steiler und höher, wie Burgmauern. Die See wurde ruhig und glatt wie ein Spiegel; hier und da schwammen samtene Trauerenten; keine Tümmler waren zu sehen, und auch keine anderen Schiffe.

Klinteberg kam näher, und die Küste von Gotland lag zu unserer Rechten, während wir die Karlsö-Inseln zurückließen. Warm schien die Sonne; schnell verstrich die Zeit, bis wir um zwei Uhr nachmittags in Visby anlegten.

23. Juni

Visby ist die einzige Stadt auf Gotland und liegt auf halber Höhe der Westküste. Die Stadt kam uns wie ein Modell von Rom vor. So viele, so große und so prächtige Kirchen standen überall in der Stadt, jetzt ohne Dächer und verfallen durch den Wechsel der Zeiten. Die Einwohner waren gutmütig, höflich und freundlich; ihre Sprache unterschied sich etwas vom normalen Schwedisch und war im Akzent wie Norwegisch.

An Straßen und auf Kirchhöfen wuchsen verschiedene ungewöhnliche Pflanzen. Zum Beispiel *Echium* (Natternkopf), *Conium* (Schierling), *Chenopodium* (aufrechter Gänsefuß), *Chaerophyllum caule maculato* etc. (rauher Kerbel), *Hyoseris caule diviso nudo* etc. (Lämmersalat), *Scandix seminibus* etc. oder echter Kerbel, der in Schweden nie zuvor gesehen wurde, wuchs wild unter den Feldfrüchten; doch jeder, der Kerbel für den Hausgebrauch sammelt, sollte sich vor *Aethusa* (Hundspetersilie) hüten, wenn er seine Gesundheit behalten möchte, denn beide Pflanzen wachsen zusammen und sind sich ziemlich ähnlich.

25. Juni

Obgleich wir gestern Pferde bestellt hatten, um früh morgens aufzubrechen, bekamen wir sie erst nachmittags; also verbrachten wir unsere Zeit mit der Beschreibung einiger Seevögel.

Rotbrüstiger Gänsesäger (*mergus serrator*). Der Schnabel ist gerundet mit nach hinten zeigenden scharfen „Zähnen"; der Oberkiefer ist an der Spitze länger; Kopf bläulich-schwarz mit langer hängender Haube. Kehle weißlich, Brust vorne gelb. Füße und Schnabel rot.

Anas rostri extremo dilatato etc. (Löffelente). Der Schnabel ist ziemlich breit und am Ende gerundet, mit hakenförmiger Spitze und Zähnen gleich kleinen Schuppen.

Larus (gewöhnliche Möwe) ist so groß wie ein Huhn und außer an Flügeln und Rücken, die hellgrau sind, ganz weiß.

Von Visby nahmen wir Richtung Norden entlang der Westküste. Gänseblümchen, die in Apotheken benutzt werden und die ich bisher nur auf den Ebenen von Skåne gesehen habe, wuchsen hier in Hülle und Fülle.

Die Weidegründe waren bedeckt mit Bärentrauben, Preiselbeeren, Sonnenröschen, Wacholder und Kiefern. Viele Felder waren gelb von Ackersenf und die Wiesen gelb von Butterblumen. Auf den Hügeln wuchsen *Cotoneaster* und Berg-Sandglöckchen.

links nach rechts Geleckter Schierling *Conium maculatum;* Kälberkropf *Chaerophyllum temulentum;* Hundspetersilie *Aethusa cynapium*

Das Kirchspiel Martebo

Eine und drei Viertel Meilen von der Stadt kamen wir an der Kirche von Lummelunda vorbei, und nicht weit davon fanden wir eine in Unmengen wachsende Pflanze, die in Schweden zuvor noch nicht entdeckt worden ist. Bärenlauchzwiebel (*allium ursinum*) war der Name der Pflanze, die hier unter den Büschen wuchs; die Wurzel war eine längliche, von Borsten umgebene Knolle. Die Blätter waren lanzettförmig und denen des Maiglöckchens ähnlich. Die Bauern sagen, wo diese Pflanze wachse, vertreibe sie anderes Gras und Unkraut: sie pflanzten sie unter den Hopfen, um wilden Kerbel und anderes Unkraut fernzuhalten. Das Vieh fresse sie gern, doch gebe sie Milch und Butter einen Geschmack nach Knoblauch.

In den Sümpfen nahe der Kirche wuchs die Binsenschneide. Die Leute verwenden dieses hohe Gras, um die meisten ihrer Bauernhofdächer zu decken; zwischen Hochsommer und dem Fest des Hl. Olaf wird es mit der Sense gemäht und gebündelt, während es noch frisch ist, egal, welches Ende oben oder unten ist; hiermit gedeckte Dächer sind besser und dichter als strohgedeckte. Bei der Binsenschneide wuchs eine Orchidee, die wir zuvor noch nicht gesehen hatten — *Orchis morio mas* (männliches Knabenkraut). Die Bauern hier nennen alle Orchideen „St.-Johanns-Schlüssel".

26. Juni

Am Morgen machten wir uns auf, um in Martebo zu botanisieren. Auf den Feldern und an den Wegen wuchs *Anagallis floro rubro* (Rote Miere), am Wegesrand auch *Ophioglossum* (Natterzungenfarn), aus dem eine Heilsalbe hergestellt wurde. *Geum floribus nuntantibus* (Bachnelkenwurz) hieß hier „Katzenball“ und Kornblumen „Seemannsmützen“ wegen der Farbe und der Gestalt der Blumen.

Hausmittel waren:

Valerianae radix (Wurzel des gemeinen Baldrians) gegen Hysterie; gegen Schüttelfrost Schießpulver, starker Schnaps, Schnupftabak und Tabak als Brechmittel; gegen Stechschmerz *Semina Cardui Mariae* (Früchte der Mariendistel).

Gelbe Farbe wird hier aus dem gemeinen Kreuzdorn (*rhamnus catharticus*) und dem Faulbaum (*frangula alnus*) gewonnen, von denen die getrocknete Rinde gekocht wird, nachdem sie in eine leichte Lauge oder eine Mischung aus Wasser und Lauge getaucht worden war.

Von den Bauernmädchen wurden als Mittsommerschmuck Maibäume in den Kirchen errichtet; sie waren herrlich mit Blumen der verschiedensten Art- und Hornschnitzereien, schneeweiß wie frisches Pergament, bedeckt.

links nach rechts
Bärenlauch *Allium ursinum;*
Bach-Nelkenwurz *Geum rivale;*
Männliches Knabenkraut
Orchis mascula;
Binsenschneide *Cladium mariscus*

Baumweißling
Aporia crataegi

Heideröschen
Fumana procumbens

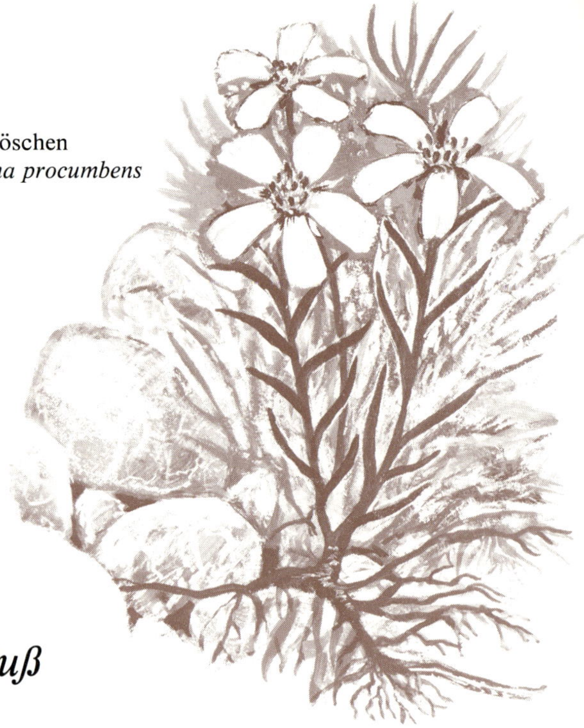

Der Ihre-Fluß

Zurückgebogenes Steinkraut
Sedum reflexum

Mauerraute
Asplenium ruta-muraria

Stenkyrka zeigte uns nichts Besonderes, aber nach einer weiteren Reise von einer Viertelmeile fanden wir linker Hand einen Kalksteinfelsen, wo wir einige Pflanzen entdeckten, die man in Schweden wohl kaum gesehen hat.

Cistus caule procumbente etc. (Heideröschen) wuchs hier, das ich zuvor nur in Fontainebleau in Frankreich gesehen hatte. Man kann es leicht von anderen *Cistus*-Arten unterscheiden, da die Blätter nicht paarig, sondern einzeln wachsen. Wir fanden es nirgendwo sonst. *Sedum foliis sublatis* etc. (Felsensteinkraut) und *Ruta-muraria* (kleine Mauerraute) wuchsen hier, die man in Apotheken benutzt und dazu aus dem Ausland einführt.

Blasensegge (*carex vesicaria*), mit ihren langen schönen Blättern, sah man in Pfützen wachsen; man sollte sie in Mooren anpflanzen, denn kein anderes Gras wächst üppiger; unter den männlichen Spitzen, die das Ende des Stengels bilden, hat man schon sehr oft weibliche Blüten gefunden.

Ein Stück weiter kreuzte der Ihre-Fluß unseren Weg unter der Kalksteinstraße, und darin fanden wir einige naturhistorisch bedeutsame Exemplare.

Podura aquatica sprang auf dem Wasser zusammen mit *Cimex lacustris*.

Wasserkäfer und *Nepae abdominis margine integro* bewegten sich unter der Oberfläche.

Hirudo octoculata (*Nephelis octoculata*), ein weißer ovaler Blutegel, war unter den Steinen im Wasser zu finden; man findet ihn oft sehr groß in den Mägen kleiner Fische, und ich möchte glauben, daß die Würmer, die man in den Lebern von Schafen findet, nichts anderes sind als der Laich dieses Egels, da die Schafe diese Würmer mitbekommen, wenn sie an sumpfigen Stellen grasen.

Phryganeae lagen am Grunde des Flusses und rollten sich in ihren zylindrischen Sandröhren ein.

Der *Papilio hexapus* etc. (Baumweißling; *aporia crataegi*) war hier auch zu finden. Bärentrauben (*arctostaphylos uva-ursi*) sahen wir heute an jedem kahlen Flecken des Waldes zahlreicher als an irgendeinem anderen Platz, so daß, sollte jemand in großen Mengen nach ihnen verlangen, er sie nirgends leichter als in diesen Gegenden finden könnte.

Der heiße Tag ging zu Ende, die Sonne versank in einer Mauer von Wolken nach einer Tagesreise von einer und drei Viertel Meilen suchten wir Unterkunft in der Nähe der Kirche von Hangvar.

Blutegel *Nephelis octoculata*

27. Juni

Um vier Uhr morgens standen wir auf, um vier Runensteine zu lesen, die dicht beieinander im Kirchhof von Hangvar lagen. *Lichen crustaceus candidus* etc. *(lecanora calcaraea),* eine weiße Flechte, hatte uns auf Öland oft gehindert, Runensteine zu lesen; wir stellten fest, daß sie vorzugsweise auf Kalkstein wuchs, was es möglich machte, auf große Entfernung Kalkstein von Granit zu unterscheiden.

Wasserskorpion *Nepa cinerea*
Große Köcherfliege
Phryganea grandis — Larven in ihren Hüllen

Flundern und Korallenstrand

Robben fängt man an der Küste hauptsächlich auf zwei Weisen: mit „liegenden Netzen“ und „stehenden Netzen“. Robbensteine sind große, dicht am Uferrand ein wenig unter der Wasseroberfläche liegende Steine, glatt und breit; wo es keine solchen Steine gibt, werden sie von den Bauern hingeschafft. Die stehenden Netze werden in einem Halbkreis um den Robbenstein plaziert, denn wenn die Robbe sich ausruhen oder schlafengeht, sucht sie sich solch einen Stein und klettert auf ihn stets von der Landseite her; so ruht sie auf ihm, die Nase zur See; wenn man die Robbe dann aufschreckt, springt sie schnell ins Meer und wird im Netz gefangen.

Flundern werden in ansehnlicher Menge mit einem Angelgerät gefangen, in das als Köder Heringsstücke gegeben werden. Wir stellten fest, daß die Flundern hier in zwei Arten vorkamen: Der größere Steinbutt (*scophthalmus maximus*) hat Augen auf der

linken Seite, die rauh ist, grau und ohne rote Punkte. Die kleinere Flunder (*platichthys flesus*) hat Augen auf der rechten Seite, grau und mit flammroten Punkten übersät.

Ich nenne das östlich Kappelshamn gelegene Ufer „Korallenufer". Es war sehr breit und mit weißen und grauen Steinen bedeckt; das überraschte uns beträchtlich, da jeder Stein nichts anderes war als eine Koralle, genannt *Madreporae,* so daß jeder, der erlesene Korallen sammeln will, es an keinem andern Platz als diesem zu versuchen braucht. Der Strand war wellig wie ein gepflügtes Feld, die Wellenkämme parallel zum Wasser und an Höhe zum Land hin allmählich zunehmend; alles war ganz kahl und bestand nur aus Korallenbruchsteinen. Die dicht am Wasser liegenden *Madreporae* waren sauber und rein, mit Sternen geschmückt wie die Rücken von Spielkarten oder die Zellen einer Honigwabe. Alle diese Korallensteine sind nach den Untersuchungen des gelehrten Pflanzenkenners Bernard Jussieu nichts anders als die Schalen kleiner Würmer, welche die Sterne und Steinkrusten formen, und von diesen Würmern gibt es viele Arten.

Lepidium foliis pinatis etc. wuchs hier auf dem Korallenufer, zusammen mit *Cucubalus* etc. (Seeleimkraut), letzteres auf den Korallenrücken. Auch *Brunella* (Braunheil) wuchs hier, mit derart außergewöhnlichen Blüten, daß wir zuerst dachten, wir hätten eine neue Art entdeckt; doch bald sahen wir, daß es nur eine Spielart war (wahrscheinlich *prunella grandiflora*).

links Gabel-Rotalge *Furcellaria fastigiata*
unten links Flunder *Platichthys flesus*
unten Seeleimkraut *Silene maritima*

Ich muß sagen, Hau war das schönste Gut, das ich in der ganzen Gegend gesehen habe; auf zwei Seiten grenzt es ans Meer und einen kleinen See, und auf den andern beiden ist es von ausgedehnten unfruchtbaren Kalksteinfelsen umgeben. Zwei Pachtbauern lebten hier; jeder hatte sein eigenes schönes weißes Steinhaus mit einem Gehöft aus geteertem Holz. Alles im Innern der Häuser war sauber und ordentlich; die Küche war voller Kupferkessel, großen und kleinen, zehn bis fünfzehn in jeder. Die Gehöfte waren von Hopfengärten, Gemüsegärten und riesigen Ahornbäumen umgeben, an denen einige kleine hohle Holztrommeln hingen, in denen Stare und andere kleine Vögel ihre Eier legen und die Bewohner mit ihrem Gesang erfreuen konnten. Schöne Holzpfähle hegten den Hof in noch weiterem Umkreis ein. Hier konnte man die Wahrheit des wohlbekannten Wortes erfahren: „Ein Bauer mit acht Kühen und einem Pferd, der im Walde lebt, frei von manchen Gästen, der lebt am besten."

Wir verbrachten die Nacht hier in Hau.

Fårö

oben Büschelglockenblume
Campanula glomerata
unten Feldenzian
Gentiana campestris
rechts Strandhafer
Ammophila arenaria

28. Juni

Nach einer Meile erreichten wir die Kirche von Rute, wo wir botanisierten. Während unserer „Untersuchung" des Weidelandes sammelten wir folgende Pflanzen: *Gentiana corolla hypocrateriformi* (Ackerenzianblatt), *Astragalus Rivini* (wildes Süßholz), *Campanula caule angulato* (Büschelglockenblume).

Wir kamen am Kirchspiel Bunge vorbei und setzten unsern Weg fort Richtung Fårö. Der Fårö-Sund, der Fårö vom übrigen Gotland trennt, ist ungeführ eine Achtelmeile breit. Wir nahmen die Fähre. Die Eiderente (*somateria mollissima*) ist auf den Eilanden ganz verbreitet, wird jedoch auf den Inseln nicht richtig behandelt; die Vögel werden geschossen, und, was noch schlimmer ist, aus ihren Eiern macht man Pfannkuchen. In der Tat, den Frühling hindurch kann man diese Vögel den Fischmarkt in Stockholm schmücken sehen. Die Zeit wird wahrscheinlich kommen, wo der sichtbare Rückgang dieser Vögel sie vorm Abschießen schützen wird.

29. Juni

Frühmorgens verließen wir die Kirche von Fårö und ritten entlang der Ostküste zum nördlichsten Punkt des Eilands.

Vier Arten Algen wurden als Dünger benutzt: „Ylle", „krakel", „tang" und „hauter". „Ylle" (*Conferva marina ramosissima*) [*pilayella litoralis*] ist der beste Dünger, doch wenn man zuviel davon über das Feld breitet, schadet es ihm. „Krakel" (*Fucus dichotomus ramosissimus* etc.) [*furcellaria fastigiata*] ist von mittelmäßigem Nutzen, und „tang" (*Alga angustifolia Vitarium J. B.*) [*zostera marina*] ist am wenigsten nützlich. „Hauter" (*Fucus folio dichotomo integro*) [*fucus vesiculosus,* Blasentang] ist besonders gut, nachdem er aufgehäuft und gut vermodert ist. Wir sahen große Haufen davon, in denen das Vieh herumtrampelte, zweifellos, um das Salz zu lecken.

Hier und dort an der Küste fanden wir Treibsanddünen vor, die das Meer aufgeworfen hatte; aber an der nördlichsten Spitze war das ganze Land von Sand bedeckt, der hohe, unebene Hügel bildete. Das erinnerte uns an die Dünen in Holland. Der Dünen-

sand war fein, weiß und sauber. Die Unregelmäßigkeiten auf den Sandhügelchen waren vom Strandhafer verursacht, der hier überall wuchs. Es ist ein seltsames Gras, das im trockensten Sand wuchernd wächst, hoch und kräftig, und je weiter es im Sand hochkommt, um so mehr Ausläufer zweigen sich ab, an jedem Gelenk einer. Die Blätter unter dem Sand verwelken und vertrocknen; das läßt den unteren Teil der Pflanze wie einen Besen aussehen, dem der Sand nicht entfliehen kann. Wir versuchten, die tiefste Wurzel des Grases freizulegen, doch in dem losen Sand konnten wir nicht tief genug graben. Dabei stellten wir jedoch fest, daß das Gras nicht nur senkrecht im Sand wächst, sondern auch nach den Seiten hin. Der Nutzen des Grases ist verschieden, denn wo es wächst, werden die vom Meer aufgeworfenen Wanderdünen am Strand festgehalten, können nicht ins Landesinnere driften und Schaden anrichten; je mehr Sand auf das Gras getrieben wird, um so besser wächst es, und um so höher wird der Hügel. Der Strandhafer mit seinen Sandhügeln schützt das Land im Winter vor Überflutung; in Holland kann man sehen, wie die Dünen zwischen Haarlem und Den Haag eine Barriere bilden, die das Wasser von den tiefgelegenen Niederlanden abschließen.

Auf dem Strand lief in Unmengen das Insekt *Carabus nigricans* etc. (Käfer; *bembidium velox*) umher; es war so geschäftig, daß es trotz den Schuppen auf seinen Flügeln schneller fliegen konnte als jede Biene; es war vollständig schwarz, so groß wie eine Hausfliege, und die Flügelschuppen waren von acht feinen Linien durchzogen; der Brustschild war glatt und die Fühler halb so lang wie der Körper.

Der nördlichste Punkt von Fårö wies nichts Besonderes auf; nur auf den flachen Sandstrand hatte das Meer wie mit einer Feder hohe Berge und Gebirgszüge aufgezeichnet.

Enten zu Millionen, alle ganz grau, schwammen im Wasser und flogen über uns. Die vielen Seevögel, die ihre Eier in Schweden ausbrüten, bleiben hier zumeist verschont, doch in Holland und anderen südlichen Ländern werden sie gefangen, und die Märkte sind überfüllt mit ihnen; unser Volk hat in der Vogeljagd noch nicht solche Perfektion erreicht.

Die Sprache hier auf Fårö ist um einiges schwieriger zu verstehen als im übrigen Gotland; die Bauern sprechen einen breiten Dialekt und ändern die Vokale in Diphthonge, so etwa „jau“ für „ja“ (= ja) und „naj“ statt „nej“ (= nein). Dann haben sie auch viele Wörter, die ganz anders als im Schwedischen sind.

Die Nacht verbrachten wir im Pfarrhaus von Fårö.

Steinerne Riesen

30. Juni

Wir überquerten den Sund wieder an derselben Stelle. Hier am Sund von Fårö hatte das Volk ein Fest, zu dem Tanzen der Bauern und ihres Weibervolks gehörte. Der Takt des Tanzes war sehr seltsam. Wir wurden mit „lura“ bewirtet, einem trüben Getränk von weißem Wachs ähnlicher Farbe; es wird gekocht, indem man es auf glühende Steine tropfen läßt. Das Getränk hatte ein Mann von Ösel mitgebracht, der auch Dudelsack für die Gäste spielt.

Der Dudelsack war insofern bemerkenswert, als er keine Nähte hatte; er bestand aus dem ganzen Magen einer Robbe; die Melodienpfeife saß am Pförtner, und der Baß, der herunterhing, war in die Speiseröhre hineingesteckt.

Räuchergruben zum Räuchern von Flundern und Heringen waren in der Erde angelegt und so dicht verschlossen, daß der Rauch nicht hinausdringen konnte; innen waren sie schwarz. Die Fische wurden aufgehängt und mit Föhren- und Kiefernzapfen geräuchert, oder sogar mit vermoderten Eichen- oder verfaulten Kiefernstümpfen als Brennstoff — mit allem, was ohne Flamme brannte. Das Räuchern dauerte nur vier bis fünf Stunden, so daß der Fisch nicht zu trocken wurde.

1. Juli

Frühmorgens besuchten wir Furillen, das Eiland in der Nähe von Kyllej, aber es war ganz abgegrast, daher gab es nichts Nennenswertes zu sehen.

Wir schossen eine weibliche Samttrauerente (*melanitta fusca*); sie war leicht größer als eine normale Ente; der Schnabel ähnelte dem einer Gans, am Rand dunkel, mit vielen Zähnen wie aufrechte Schuppen.

Auf den Bäumen fand man *Aranea abdomine antice* etc. *(aranea angulata*), eine ziemlich große Spinne; der Hinterleib ging von der Brust in einen stumpfen Winkel und war buntgefleckt, weiß, gelb und schwarz, aber die Beine waren nur weiß und schwarz.

Klasen ist der Name einer andern kleinen Insel nicht weit von Kyllej, ziemlich lang, aber nicht sehr breit. Es besteht ganz aus Weideland. Hier wuchsen *Scirpus culmo triquetro* etc.

(Meersimse), *Draba alpina hirsuta Celsii* (gewundenes Hungerblümchen), *Rhinanthus* (Klappertopf; *rhinanthus minor*) und *Melilotus officinarum* (Honigklee).

Wo das Meer Sand und Kiesel zusammengeworfen hatte, wuchs Färberwaid wie ein Hanffeld; in keinem Garten hätte er üppiger wachsen können.

Da diese Färbepflanze hier so gut wächst, wäre es sicher ergiebig, sie auf der ganzen Insel anzupflanzen.

Scabiosa corollulis quinquefidis etc. (kleine Skabiose), eine seltene Pflanze, die in Deutschland wild wächst und manchmal unsere Gärten schmückt, aber in Schweden nie wild festgestellt wurde, wuchs an den Hängen von Klasen.

Vögel — Austernfischer, Möwen, Watvögel — fingen an, uns zu belästigen; mit unerträglichem Kreischen flogen sie uns um die Köpfe, so daß wir nichts mehr hören konnten, als wir an Land gegangen waren. Wir schossen einen Watvogel, einen Vogel, den wir von Aussehen, Flug oder Ruf her nicht kannten. Dieser Vogel, der Steinwälzer (*Tringa nigro* etc.), war einem Kiebitz ähnlich, aber nicht größer als eine Drossel; Leib, Brust, Schwanz und die Flügel an der Unterseite waren weiß; der Kopf war oben weiß mit kleinen gelbbraunen Punkten.

Die Kalksteinfelsen im Meer in der Nähe von Kyllej nannten wir die „Steinriesen". Sie waren etwa sieben bis elf Meter hoch und bildeten eine Reihe wie die Ruinen einer Kirche oder einer Burg. Diejenigen ganz unten am Steilhang waren höher als die weiter oben, so daß die Spitzen alle etwa auf dem gleichen Niveau waren. Aus der Entfernung wirkten sie wie Statuen — Pferde, Torsos, ich weiß nicht, was für Geister. Offensichtlich ist dies früher ein Kalksteingebirge gewesen, dessen Wurzeln von den stampfenden Wellen des Meere zermahlen, zerschnitten und umgeformt worden waren. Den ganzen Weg nach Slite entlang waren Steinriesen derselben Größe zu sehen.

Slite, einer der schönsten Häfen auf Gotland, hatte für uns Unterkunft für eine Nacht.

oben Mantelmöwen *Larus marinus*
unten Austernfischer *Haematopus ostralegus*
links Trauerente *Melanitta fusca*
rechts Steinwälzer *Arenaria interpres*

Färberpflanzen

2. Juli

Nach einer Reise von einer und einer Viertelmeile erreichten wir Gothum. Die Kirche war sehr schön. Im Winter und Sommer bleiben die Ziegen draußen und bekommen vom Bauern nicht mehr, als sie ihm stehlen.

Es sollen Eichhörnchen gesehen worden sein, die auf Holzschnitzeln oder Rinden über die Seen gesegelt seien, und man vermutet, daß sie jedes siebte Jahr verschwinden — so sagen die Leute. Dann würden sie sehr vermißt und kämen im siebten Jahr wieder, stark vermehrt. Diese Geschichte ist für mich ganz neu; man sollte ihr nachgehen. — Man findet auch Wiesel hier.

Hauptsächlich in Moorgegenden wuchsen Eiben, so groß wie Föhren oder Eichen. Die Einheimischen hatten eine hübsche Art, ihre Häuserwände mit Eibenzweigen zu bedecken, und zwar schindelartig von unten bis oben; die weichen Nadeln bildeten eine hübsche Mauerverkleidung. Wenn Plinius in ein solches Haus eingeladen worden wäre, keine einzige Nacht hätte er dort zu schlafen gewagt oder etwas zu essen, da er glaubte, es sei unheilvoll, unter einer Eibe zu schlafen; die Leute hier in Gothum lachten nur darüber.

In Hülle und Fülle wuchs hier *Lolium spicis aristatis* etc. (Lolch), an vielen Stellen auch zwischen der Gerste. Wer Bier, das aus mit Lolch gemischter Gerste gebraut war, trank, wurde verrückt und fast blind. Die Bauern glaubten, wenn sie Gelenke und Finger mit dem Bier einrieben, würde es sie vor dem Leiden schützen.

Die Färbepflanzen, die man hier in der Pfarrgemeinde benutzt, sind folgende: Hellgelb färbt man mittels der „Hl.-Johanns-Blume", *Flores Buphthalmi* (gelbe Kamille). Das Garn wird zuerst mit ein wenig Alaun in einem Kupferkessel gekocht, dann getrocknet; danach werden die getrockneten Blumen lange in Wasser gekocht, und schließlich wird das gebeizte Garn dem Absud zugefügt.

links nach rechts Färberkamille *Anthemis tinctoria;* Färberscharte *Serratula tinctoria;* Taumellolch *Lolium temulentum;* Färberwaid *Isatis tinctoria*

Grünlich gelb färbt man folgendermaßen: Zuerst wird das Garn mit Färberdistel (*Serratula*) gelb gefärbt und dann blau mit Färberwaid (*isatis tinctoria*), denn gelb und blau zusammen ergeben grün.

Meergrün färbt man mit verdünntem Holzessig und Salz, das man in einem ungezinnten Kupferkessel beläßt, bis er mit Grünspan bedeckt ist. Dann gibt man das Garn hinein und rührt es oft um, um eine gleichmäßige Färbung zu erreichen, aber es wird nicht gekocht.

Die Nacht mußten wir in Gothum verbringen, da weder wir noch der Bezirksvorsteher Pferde beschaffen konnten, obwohl wir schon mittags danach gefragt hatten.

3. Juli

Der einzige Berg in der Gegend namens „Torsborg" lag über eine Achtelmeile von Kräklingebo entfernt; er war groß, hoch, abschüssig, kahl und rauh und flach auf der Spitze.

Von der Torsborg-Spitze sah der höchste Wald aus wie ein flaches Feld, und man konnte leicht bis an die dreißig Kirchen zählen.

Geranium pedunculis bifloris etc. (leuchtender Storchschnabel), ein schönes, bisher in Schweden nicht gefundenes Gras, wuchs besonders an der Nordseite im Schatten unter umgestürzten Felsen. Nach einem Jahr stirbt die Wurzel ab; der Stengel (und die Blätter, besonders die Unterseite) ist rot, glatt und glänzend. Die Blätter sind nierenförmig, glänzend, mit einem Stiel versehen, fünflappig, jeder Lappen dreilappig. Der Blütenstengel hat zwei Blüten. Der Kelch ist irgendwie geschwollen, glänzend, mit fünf Blättern, jedoch dreiwinklig, und jeder Winkel wird von drei erhöhten Linien markiert. Die Blütenblätter sind völlig fleischfarben.

Coronilla corollarum etc. (Strohwicke), wildwachsend bisher nur in Wien, Genf und Montpellier gesehen, wuchs hier wild und ungeschützt an der kalten Torsborg-Nordseite. Ich hätte nie geglaubt, daß dieser Strauch in Schweden wild wächst, und wenn zwanzig Pflanzenkundler es behauptet hätten, hätte ich ihn nicht selbst gesehen.

Papilio hexapus etc. (Apollofalter; *parnassius apollo*), ein großer und schöner Schmetterling, der in Schweden nicht sehr verbreitet und auch im Ausland sehr selten ist, hatte sich in großer Zahl auf dem Feld oben auf dem Berg niedergelassen, anscheinend müde und unfähig fortzufliegen. Am Hinterteil saßen vier scharfe, harte Krallen, fast wie die Krallen einer Katze.

Die Nacht verbrachten wir in Östergarn.

Die Wiesen von Östergarn

4. Juli

Die Kirche von Östergarn liegt an der Ostküste von Gotland, auf halber Höhe, wo das Land am breitesten ist; von hier bis Västergarn ist das Land fünf Meilen breit und vom Nordkap Gotlands bis zum Südkap fünfzehn Meilen lang.

Der Berg nahe der Kirche ist hoch und an allen Seiten steil, ganz verwandt dem Torsborg. Von der Bergspitze aus hat man einen herrlichen Blick nach Nordosten; man sah von hier die Kirche am Fuß des Berges, dann die prächtigen Felder und Wiesen, die grünen Wälder, andere kleinere steile Berge, Meeresbuchten und das blaue Meer bis hin nach St. Olofsholm; kaum würde man einen lieblicheren Platz für ein Sommerhaus irgendwo anders auf dieser Insel finden.

Sanguisorba spicis ovatis (Großer Wiesenknopf) wuchs hier auf den Wiesen zwischen Meer und Kirche. Die Ähren waren gerundet oder oval, hellrot auf den Blütenblättern, Staubgefäßen und Pistillen.

Die Felder waren purpurn gefärbt, *Melampyrum arvense Riv* (Kamm-Wachtelweizen) und *Rhinanthus* (Klappertopf), der hier üppiger als an anderen Plätzen wuchs, ließ den Boden ganz gelb erscheinen.

1 Kamm-Wachtelweizen *Melampyrum cristatum*
2 Klappertopf *Rhinanthus minor*
3 Rundblättrige Glockenblume *Campanula rotundifolia*
4 Rot-(Wiesen-)Klee *Trifolium pratense*
5 Großer Wiesenknopf *Sanguisorba officinalis*
6 Wilde Möhre *Daucus carota*
7 Dukatenfalter (männlich) *Heodes virgaureae*

5. Juli

Die bäuerliche Pflanzenkunde darf man nicht verachten, und die Bauern, wenigstens hier, haben ihre eigenen Namen für fast alle Pflanzen. Ich nahm einen freundlichen Bauern mit zu den Wiesen; er kannte weit mehr Pflanzen, als ich je erwartet hätte, und seine Namen hatten oft sehr hübsche Ursprünge.

„Desmansblomma" (*Monorchis*; Moschusblume) wegen der Form der Wurzel und des Geruchs der Blüten.

„Fagelblomma" (*anemone nemorosa*; Buschwindröschen), vom Verbum „fuga" d.h. Gestrüpp vom Weideland auflesen, denn die Blume blüht, wenn dies getan wird.

„Gok-blomma" (*primula veris*; Wiesenschlüsselblume), sie blüht, wenn der Kuckuck ruft.

„Honungs-blomster" (*trifolium pratense*; Rotklee), d.h. Honigblume.

„Bäfweggräs" (*briza media*; Mittleres Zittergras).

Labyrinthspinne
Agelena labyrinthica
— das Weibchen wartet
am Eingang ihres Schlupflochs auf
Beute

„Fingerhatt" (*campanula rotundifolia*; rundblättrige Glockenblume), d.h. Fingerhut.

Pinguicula (gemeines Fettkraut) heißt „fetnacks", Fettnacken; die Bauern kochen sie in Wasser und benutzen den Absud, um ihren Kindern den Kopf zu waschen, was die Läuse tötet und den Haarwuchs fördert.

„Madra", *Rubia cynanchica* (ein Labkraut) wuchs hier fast ausschließlich an trockenen und unfruchtbaren Stellen und dort, wo es Lehm gab. Wohin immer wir auf Gotland gekommen sind, wir haben diese Pflanze in solchen Mengen gesehen, daß kein Gras verbreiteter war; wenn man es also zum Färben benötigt, hier ist es zu finden. Jedermann hier benutzt seine Wurzeln, um Wolle rot zu färben; man kocht sie mit den sauersten Rüben zusammen. Nach Aussage der Bauern ist es wesentlich, daß die Wurzeln gesammelt werden, bevor der Kuckuck anfängt zu rufen; d.h. bevor die Wurzeln Stengel sprießen lassen, denn dann sind sie weicher und ergeben mehr Farbe.

„Gullands-korn" war der Name der Bauern für ihre zweizeilige Gerste (*hordeum distichon*). Als wir das Hügelgebiet im Norden verlassen hatten, wo hauptsächlich Roggen gebaut wird, und in die südliche Gegend gekommen waren, wo der Boden lockerer ist, sahen wir mehr Gerste als Roggen.

Während der Nacht blieben wir in När.

Die Labyrinthspinne

links Gespinst der *Agelena* über Wiesengras
unten das Nest der *Agelena* (aufgeschnitten); man sieht das Zellen „labyrinth" innen; in den Mittelpunkt des Irrgartens legt sie ihre Eierkugel

8. Juli

Heute führte uns die Reise von Grottlingebo nach Vamlingebo, über Fide, Öja und Hambre.

Große weiße Spinnweben bedeckten die Wiesen. Eine Seite des Netzes war von der Spinne gewoben wie ein Brunnen oder eine zylindrische Höhle, wo sie sich verbergen und von Vögeln oder in der Hitze Ermatteten nicht gesehen werden konnte; sobald das Netz berührt wurde, kam sie heraus, um nach ihrer Beute zu sehen. Die Spinne war eine *Aranea abdomine fusco ovato* (*agelena labyrinthica*), die Brust war blaßgrau mit drei langen blassen Streifen.

Die Blumen, die jetzt die Wiesen schmückten, waren vor allem: *Paranassia* (Sumpfherzblatt), *Filipendula* (Mädesüß), *Anthyllis* (Wundklee), *Convolvulus* (Ackerwinde), *Agrimonia* (Odermennig), *Marrubium* (gemeiner Andorn), *Scabiosa: Morsus diaboli* (gemeiner Teufelsabbiß), die erste Herbstblume, erhob ihren blauen Kopf und erinnerte den Bauern daran, daß die Zeit zum Mähen gekommen war.

Die Heuschrecken zirpten auf den Wiesen. Wir fingen eine, die „Warzenbeißer" (*Gryllus cauda ensifera recta* etc.) [*decticus verrucivorus*] genannt wird; sie ist eine der größten in Schweden. Das Weibchen zieht ihr Hinterteil wie ein langes Schwert heraus; das Männchen ist ganz grün und hat vier Zähne am Hinterteil und zwei Paar kurzer Klauen zwischen den Schenkeln. Die Flügel, die übereinander ruhen, sind insofern sehr bemerkenswert, als zur Brust hin zwei Membrane vorhanden sind. Wenn der Grashüpfer Musik für seine Geliebte machen will, reibt er seine Flügel gegeneinander, und die strammen Membranen bringen den Ton hervor.

Der Mund sowohl des Weibchens wie des Männchens besteht aus zwei Kieferpaaren, von denen das obere Paar viele scharfe Zähne hat, das untere hingegen ist spitz und hat keine Zähne. Wenn die Bauern Warzen auf den Händen haben, nehmen sie solch eine Heuschrecke und führen die Warze an ihren Mund; der Grashüpfer beißt in die Warze und spuckt eine schwarze ätzende Flüssigkeit hinein, die die Warze verschwinden läßt.

Das Igelnest

9. Juli

Die Küste nach Hoburgen entlang flogen Drosseln (*Turdipilulares*) zwischen den Sträuchern und schnatterten wie die Klatschtanten; wir schossen eine. Diese Wacholderdrossel war so groß wie eine Schwarzdrossel. Der Kopf war auf der Oberseite stahlgrau und genauso am Bürzel über dem Schwanz. Die Rückendeckfedern und Flügel waren dunkelrostrot, die an Schwanz und Flügeln schwärzlich. Brust und der untere Teil der Kehle waren fast rostfarben und mit weißen und schwarzen Punkten betupft, von denen diejenigen nahe dem Schnabel klein, aber länglicher waren.

Der Hoborg, ein Berg ähnlich dem Forsborg, steht ganz am südlichen Ende des Landes. Hier sahen wir kleine Nachtfalter *Phalaena seticornis* etc. (*Eulamprotes wilkella*) in Unmengen; wie Staub wirbelten sie vor unseren Füßen auf. Sie gehörten zu den kleinsten unter den Nachtfaltern, länglich und schwarz, mit vier durchsichtigen silbrigen Linien, von denen die erste nach vorn gebogen, die zweite gerade und die dritte und vierte zu den Seiten gebogen waren.

Das Krustentier *Cancer macrourus* etc. (*gammarus locusta*), das wir im Wasser an der Küste vorfanden, sah aus wie eine winzige rötliche Garnele. Die Schnecke *Cochlea testa pellucida* (*helix balthica*) lag ebenso im Wasser an der Küste; das Tier war schwarz und hatte zwei Fühler wie flache, spitze Ohren.

Algen, *Ulva tubulosa ramosa compressa* (*enteromorpha compressa*), lagen mengenweise am Ufer, wo das Meer sie angespült hatte; sie waren ungleichmäßig, mit vielen Schlingen und Hohlräumen und einfachen Zweigen; sie waren farblos, nicht grün, und oft nicht dicker als ein Faden.

Die brennende Mittagshitze wurde von dünnen Wolken gemildert; durch Öffnungen drangen die blassen Strahlen der Sonne hindurch, und die Leute sagten, die Sonne trinke Wasser, und morgen werde es regnen.

Am Nachmittag kamen wir an einem kleinen Kiefernwald südlich von Vamlingebo vorbei; dort bogen wir ab, um zu übernachten.

Es gab hier Igel, und wir fingen ein Paar. Der ganze Oberteil des Körpers war dicht mit Stacheln bedeckt; diese waren hellgrau oder weiß, umringelt von feinen schmalen Ringen, von

Igel *Erinaceus europaeus,* der aus seinem Tagesschlafplatz hervorkriecht. Er benutzt seinen Geruchssinn, um nachts Mäuse, Würmer, Insekten und Schnecken zu jagen

denen der äußerste der breiteste und dunkelste war. Der übrige Körper und Kopf, außer der Krone, waren mit hellgrauen Haaren bedeckt, wie bei einem Schwein. Die Ohren waren rundlich, die Augen klein und schwarz, die Nase spitz. Die Vorderpfoten ähnelten den Tatzen eines Bären, mit fünf klumpigen Zehen. Das Weibchen hatte acht Zitzen, und Männchen wie Weibchen hatten einen moschusähnlichen Geruch. Männchen und Weibchen jagten nachts zusammen und wurden abends sehr oft gesehen. Sie bauen sich Nester in Wacholderbüschen auf dem Boden; sie sind aus Moos, rund und hohl wie ein Eichhörnchennest; man sagt, sie hätten gewöhnlich vier Junge. Einer der beiden Igel gab uns einen bemerkenswerten Beweis dafür, daß Igel Fleisch fressen: er verschlang die früher beschriebene Drossel und ließ nur die dicksten Federn übrig. Als wir ihn am Ufer losließen, bewies er, daß er auch vor dem Wasser keine Angst hatte: er lief hinunter zum Meer und begann wegzuschwimmen.

Runensteine

11. Juni

Diesen Tag benutzten wir hauptsächlich zum Flicken, denn unsere Kleider waren von Büschen, Felsen und vom Reiten zerrissen.

Anthyllis (Wundklee) kam hier in hübschen verschiedenen Farben vor: weiß, creme, gelb, rot und rosa. Mit ihm zusammen wuchs *Ononis* (Hauhechel). Wilde Möhren (*daucus carota*) wuchsen hier so dick und groß wie Dill. Die Wurzel war weiß und schmeckte wie die gewöhnliche Karotte. Der Stengel war dünner und gekerbt.

Phalaena pectinicornis elinguis (Bärenspinner; *parasemia plantaginis*) ist ein schöner, aber seltener Nachtfalter, mit dünnen Fühlern und schwarzen Flügeln mit blaßgelben Adern, doch die Unterflügel sind rot mit schwarzen Punkten.

Das Kirchspiel von Habdum liegt anderthalb Meilen von Bursvik entfernt. Wir kamen dort um neun Uhr abends an. Obwohl es schon dunkel wurde, konnten wir noch einige Runensteine auf dem Kirchhof lesen, einer von ihnen hatte tief eingeschnittene Buchstaben. Wir hatten geplant, die Nacht über hier zu bleiben, doch ein bösartiges Fieber hatte einige Leute auf dem Hof befallen; also zogen wir weiter.

Die Dunkelheit überfiel uns, so daß wir nichts sehen konnten, außer daß die Katzen Maikäfer fingen und sie auffraßen. Um Mitternacht erreichten wir Fardum.

12. Juli

Es gibt zwei Arten Hopfen, männlichen und weiblichen. Der weibliche ist der echte Hopfen, seine Dolden werden zum Brauen verwandt. Der männliche wird hier „Fuk-humble" (steriler Hopfen) genannt, denn er hat keine Dolden, nur viele kleine Blüten. Es gab hier einen Hopfengarten von beträchtlicher Größe, doch wuchs darauf nur steriler Hopfen. Der Eigentümer hatte sich bei alten, erfahrenen Bauern Rat eingeholt, die ihm erzählt hatten, daß, wenn die Hopfenwurzeln alt würden und eine dicke Rinde

Runensteine — von diesen alten Inschriftensteinen findet man viele auf Gotland

rechte Seite, links nach rechts
Wundklee *Anthyllis vulneraria*
Hauhechel *Ononis repens*
Wilde Möhre *Daucus carota*
Bärenspinner *Parasemia plantaginis*

bekämen, sie nur noch sterilen Hopfen hervorbrächten, und daß man nichts anderes tun könne, als den Garten umzugraben und ihn wieder mit denselben Wurzeln zu bepflanzen, die dann wieder neue frische Wurzeln und gute Früchte hervorbrächten. Das war geschehen, doch die Pflanzen, die die wiedergepflanzten Wurzeln hervorgebracht hatten, waren wieder steriler Hopfen, und der Besitzer wartete vergeblich auf den echten. — Der sterile Hopfen kommt in den Hopfengarten, wenn der Hopfen seine Samen verliert, aus denen ebenso männliche und weibliche Pflanzen hervorkommen wie aus Hühnereiern Hähne und Hühner; der sterile Hopfen wächst besser, und der weibliche Hopfen wird leicht unterdrückt, was den besten Hopfengarten verderben kann.

Bienenstöcke waren hier nicht zu sehen, hingegen auf Öland gab es viele. Es gab hier kein Heidekraut; wenn Bienen hierhergebracht würden, wäre der Honig viel weißer. Man erzählte uns von einem Bischof, der einst Bienen hierhergebracht habe, doch sie hätten nicht überlebt, was man allerdings nicht als Präzedenzfall ansehen solle, da er in Visby gelebt habe, wo die Bienen täglich einem starken Wind ausgesetzt gewesen seien und die Schwärme die Möglichkeit gehabt hätten, in die vielen alten Kirchen und Türme zu fliehen.

Wir fanden keinen Flachs auf Gotland, und als wir die Leute fragten, warum sie eine derart nützliche Pflanze nicht anbauten, antworteten sie, daß sie oft einen ganzen Eimer voll Flachssamen auf sehr gut vorbereiteten und gedüngtem Boden ausgesät, jedoch nicht mehr als ein Pfund Flachs erhalten hätten, obwohl er mehr als zwei Fuß hoch gewachsen sei; daher zogen sie es vor, Getreide zu säen und es zu verkaufen, um dafür Flachs zu erstehen, wovon sie so drei oder vier Mal soviel erhielten. Man konnte daran sehen, daß die Bauern an diese Art der Bodenbestellung nicht gewöhnt waren.

Karlsö-Inseln: Stora

13. Juli

Die Abgeschiedenheit und der Mangel an Nachrichten hier auf dem Lande war sehr groß; Zeitungen kommen nicht oft, und außer zwei Richtern und einem Kapitän gab es keine Personen von Stand auf ganz Gotland, wenn man die in Visby ausnimmt.

Die beiden Karlsö-Inseln, die große und die kleine, sind eine Viertelmeile entfernt und weniger als eine halbe Meile vom Festland; beide sind sehr hoch und steil auf allen Seiten, sie ruhen, vom Meer umgeben, auf festen Felsen.

Scolopendra teres pedibus utrinque CXX (Julus sabulosus) war etwa zwei Zoll lang, dick wie die Schwanzfeder einer Taube, glatt, grau, mit zwei blaßgelben länglichen Streifen auf dem Rücken; der Körper bestand aus etwa 60 Gliedern, und jedes Glied war eingekerbt und am Rand blasser. Das Tier hatte viele Füße, dünn wie Haare, hellgrau.

Auf einer der Inseln, Stora, fanden wir Quellen, deren Wasser sehr gerühmt wurde und sauber schmeckte, doch ich wagte wegen der Würmer am Grunde nicht, daraus zu trinken. Diese Würmer, *Gordius* oder *Seta aquatica (gordius aquaticus)*, sehen an Form und Größe aus wie Pferdehaar und sind farblos mit schwarzem Kopf und Ende. Wenn man sie in Stücke schneidet, bewegt sich jedes Stück, und die Bauern auf Småland erzählten uns, daß jedes Stück, wenn es ins Wasser geworfen würde, sich wieder zu einem ganzen Tier entwickelte, was unglaublich erschiene, wenn nicht bekannt wäre, daß Bandwurmstücke wieder zu Tieren voller Größe nachwachsen, auch wenn viele Klafter des Wurms abgerissen worden sind. Wenn die Eier des *Gordius* mit dem getrunkenen Wasser in den Magen gelangen und dort ausschlüpfen, könnten sie sich leicht in die Därme, in Leber, Lunge und Herz einbohren und unbekannte Leiden verursachen.

14. Juli

Stora war sehr hoch, außer an der Südspitze, mit einer unfruchtbaren Ebene obenauf. Auf diesem sterilen Acker wuchs *Saponaria calcibus pentaphyllis* (Gipskraut; *gypsophila fastigiata*) überall, und ich habe es in Schweden oder irgendeinem botanischen Garten noch nicht gesehen. Dieses Gras ist zwar beobachtet, aber nie gut beschrieben und daher mit anderen Pflanzen verwechselt worden.

links nach rechts
aufgerichtetes Gipskraut *Gypsophila fastigiata;*
Felsenbeifuß *Artemisia rupestris;*
Schaf-Schwingel *Festuca ovina*

Ich will hier eine Beschreibung geben, um das den Pflanzenkundlern klarzumachen. Die Wurzel ist perennierend (winterhart), dick wie eine Gänsefeder, und geht ziemlich tief. Die Wurzelblätter bilden einen Büschel, wie bei Nelken üblich. Sie sind linealisch, zusammengedrückt und einigermaßen dick. Der ein Fuß hohe Stengel liegt zuerst auf dem Boden, erhebt sich jedoch, wenn die Blüte hervorkommt. Der Blütenstand begrenzt den Stengel und sieht aus wie eine aus Blumen bestehende Bürste, deren Kelch glockenförmig und halb nach unten in fünf rote Lappen geteilt ist. Die Blütenblätter sind fünf, breit, länglich, stumpf, auseinanderstehend. Staubfäden sind es zehn, weiß, so lang wie die Blütenblätter; nach einem Tag neigen sich fünf zurück und am nächsten Tag die nächsten fünf ebenso. Die Staubbeutel sind ebenfalls weiß. Der Fruchtknoten ist kugelförmig. Griffel zwei, wie Fäden, so lang wie die Staubgefäße.

Im nördlichen Teil von Stora fanden wir *Artemisia foliis pinnatis* etc. (Felsenbeifuß; *artemisia rupestris*), direkt unter der Stelle, wo eine Esche stand. Die Pflanze war verdorrt und *Abrotanum campestre* (Ackerbeifuß; *artemisia campestris*) ähnlich, der hier auch wuchs. Doch wenn man sie näher untersuchte, stellte sich heraus, daß es die seltenste Pflanze auf unserer Reise war, oder vielleicht eine völlig neue Pflanze. Ein besonderes Unterscheidungsmerkmal dieser Pflanze ist, daß die Blüten groß und kugelförmig sind und wie runde Pillen aussehen, weswegen man sie leicht von anderen unterscheiden kann. Ich habe sie mitgebracht in den Universitätsgarten von Uppsala, wo sie die Winter überlebt hat und auch Wurzeln sprießen läßt, doch da sie spät blüht, hat sie für mehrere Jahre keinen Samen reifen lassen.

Karlsö-Inseln: Lila

Von Stora fuhren wir mit dem Boot nach Lilla, der zweiten Karlsö-Insel. Kaum hatten wir das Wasser verlassen, begannen Möwen und Meeresvögel kreischend und schreiend um uns herumzufliegen. *Alca, rostri sulcis quatuor* (Tordalk; *alca torda*) flogen mehrere Male furchtlos um das Boot, und obwohl wir auf die Vögel schossen, flüchteten sie nicht, sondern wurden nur um so begieriger, uns um die Köpfe zu fliegen. Dieser Vogel ist in Schweden sehr selten; er ist so groß wie ein Rabe, schwer und fleischig. Er baut sein Nest in den höchsten und steilsten Felsspalten, wo er nur ein Ei legt; wenn dieses weggenommen wird, legt er sofort ein anderes. Tordalks fliegen zum Winter fort, kehren jedoch pünktlich Anfang Mai zurück; ihr Sommerquartier verlassen sie um die Zeit des St.-Lorenz-Festes (10. August).

Die schwarze Lumme (*uria grylle*) sahen wir nur im Fluge; sie ähnelte dem Tordalk, war aber kleiner. Die Bauern erzählten uns, daß sie auch aufrecht gehe, rote Füße habe und unter dem Schwanz rot sei. Die Brust ist schwarz, nicht weiß wie die des Tordalks. Sie soll zwei Eier legen und ihr Nest in Felsspalten bauen, doch nie mehr als etwa zwölf Fuß über dem Wasser.

An der Nordseite der Insel sahen wir einen fast schwarzen Sperling, aber es war unmöglich, ihn zu schießen; vielleicht war es ein Sturmtaucher (*Procellaria*).

22. Juli

Jeden Tag versuchten wir, Gotland zu verlassen, doch wie Gefangene mußten wir hierbleiben, da kein Schiff auslaufbereit war — und unser Leben dem kleinen, zerbrechlichen, morschen Postboot und, noch schlimmer, seinem Kapitän anzuvertrauen,

wäre sehr abenteuerlich gewesen. Als wir dennoch einen Handel mit ihm abschließen mußten — ich weiß nicht, was ihn verwirrte, denn er verfehlte uns und fuhr ohne unser Wissen ab. Wenn die für diesen Posttransport Verantwortlichen die Dinge anders organisierten, würden sie den Bewohnern hier einen großen Dienst erweisen.

24. Juli

Endlich fanden wir ein Schiff; also sagten wir den Herren in Visby Lebewohl, die sich fast in ihrer Herzlichkeit uns gegenüber umgebracht hätten. Die Nacht brach herein, doch da die Seeleute noch nicht fertig waren, konnten wir nichts tun als warten.

25. Juli

Um halb fünf Uhr morgens gingen wir an Bord. Unter Lebensgefahr verließen wir in wütender See den Hafen; unsere Freunde und Visby verschwanden, die Karlsö-Inseln tauchten auf, ein Nordwind begann zu pfeifen, die Wellen tobten, das Schiff wurde zwischen den brüllenden Wogen hin und her geworfen, Gotland verschwand, meine Gefährten wurden seekrank, die Takelage barst, unsere Herzen füllten sich mit Verzweiflung, und wir legten unser Schicksal in Gottes Hände . . .

Schwarze Lummen *Cepphus grylle* brüten in zerstreuten Kolonien in Felsspalten, manchmal mit dem Eingang nach oben. Ihre Eier sind weiß und grau oder braun gepunktet.

William T. Stearn: Von Linnés Klassifikation, Nomenklatur und Methode

Obwohl man von Linné zum Pionier der Ökologie ernannt hat, zum Pionier der Pflanzengeografie, zum Pionier der Baumchronologie, zum Pionier einer Evolutionslehre, zu einem botanischen Pornographen und Sexualisten und zu vielem mehr, ist der einflußreichste und nützlichste seiner Beiträge zur Biologie zweifellos seine erfolgreiche Einführung einer konsequenten binominalen spezifischen Nomenklatur für Pflanzen und Tiere, obwohl diese Errungenschaft eher nur ein Nebenprodukt der umfassenden enzyklopädischen Aufgabe war, in knapper, eingängiger Form die Mittel bereitzustellen, Gattungen und Arten von Pflanzen und Tieren zu erkennen und zu erfassen. Der Gebrauch von Doppelnamen für individuelle Arten, wobei ein Wort sich auf eine ganze Gruppe von Objekten bezieht und das andere den Namen auf einen einzelnen Angehörigen der Gruppe einschränkt, ist eine sehr alte und fast universale Art der Namensgebung, die in dem Bedürfnis wurzelt, das Allgemeine und das Besondere zu unterscheiden. Doch es blieb von Linné vorbehalten, der wohlüberlegt Pflanzen und Tieren einheitlich Doppelnamen zuwies. Alles in allem prägte er lateinische oder latinisierte, international verwendbare Namen für ungefähr 4400 Arten von Tieren und 7700 Arten von Pflanzen und verband diese Namen mit Beschreibungen, Bestimmungen oder Illustrationen, die die Namen verdeutlichten und ihre Anwendung untermauerten. Seine *Species Plantarum* (1753), zusammen mit seinen *Genera Animalium* (5. Ausgabe 1754), wurde konsequenterweise international unter den Pflanzenkundlern als Beginn botanischer Namensgebung im allgemeinen akzeptiert. Daher wurden botanische Namen, die vor 1753 geprägt wurden, in der Neuzeit nur übernommen, wenn sie bei von Linné 1753 oder später oder bei nachfolgenden Autoren gefunden wurden; man nannte sie „vorlinnéisch" – einschließlich derer, die von Linné selbst vor 1753 benutzt hatte! Sein *Systema Naturae*, Band 1 (10. Auflage 1758), wurde in ähnlicher Weise von Zoologen als Beginn wissenschaftlicher Benennung von Tieren in der Neuzeit akzeptiert. Doch für diese Werke allein und den fortdauernden Bestand seiner Namengebung würde man sich von Linnés jetzt nicht erinnern und ihm soviel biografische Aufmerksamkeit widmen, während seine Zeitgenossen von gleicher oder gar noch höherer intellektueller Potenz, doch von weniger selbstaufopferndem Fleiß, zumeist vergessen sind. Systematiker auf dem Gebiet der Botanik und Zoologie, insbesondere solche, die sich mit europäischen, nordamerikanischen und indischen Pflanzen und Tieren befassen, müssen sich fortwährend auf die Werke von Linnés zurückbeziehen, wenn sie Namen überprüfen. Wenn jedoch die Methoden von Linnés, seine Ziele und Geschichte, das Verfahren und die Terminologie seiner Werke nicht verstanden werden, werden sie wahrscheinlich mißinterpretiert und von Linnés wissenschaftliche Namen vielleicht falsch angewandt, und zwar auf Grund irriger Typifikationen, wie in der Tat einige vorgekommen sind. Die folgenden Anmerkungen sind als Einführung in diese mehr technischen Fragen des von Linnéschen Werkes gedacht.

Die Basis für von Linnés Leistungen war sein strenger Sinn für Ordnung. Man erkennt ihn in all seinen Publikationen, und er hat all seine Studenten beeindruckt. So schrieb der Insektenforscher J. C. Fabricius, der 1764 von Linnés Vorlesungen über Klassifikationen in der Natur besucht hatte, im

Jahre 1780, daß „sein größter Vorzug die koordinierte Gliederung war, die seine Gedanken annahmen. Alles, was er sagte und tat, war geordnet, war systematisch, und ich kann mir kaum vorstellen, daß Europa einen systematischeren Geist hervorbringen wird.“ Zur Schöpfung der benutzten Methoden hat sein unglücklicher Freund Petrus Artedi anscheinend genauso viel beigetragen wie von Linné selbst, doch nach Artedis Tod 1735 fiel ihre Anwendung auf die drei Reiche der Natur von Linné allein zu. Aufgewachsen in einer frommen Umgebung, vom Tod auf seinen Reisen verschont, immer streng egoistisch, konnte sich von Linné ganz entschuldbar für Gottes auserwähltes Instrument halten, das in geordneter Weise die göttlich geordneten Werke der Schöpfung enthüllte, und er schonte sich bei dieser Aufgabe nicht. Ihr erster Teil war die Klassifikation der Organismen in größere Gruppen.

Von Linnés Sexualsystem der Klassifikation

In der Anordnung der Gattungen folgen von Linnés *Species Plantarum* (1753) und *Genera Plantarum* (1754) dem „Sexualsystem“ der Klassifikation, das er der Gelehrtenwelt in der ersten Ausgabe seines *Systema Naturae* (1735) vorgeführt hatte, wobei er es als einen Schlüssel darbot. Es handelt sich um ein vom Grundsatz her einfaches, jedoch geniales arithmetisches System, wobei die Gattungen entsprechend der Anzahl der Staubblätter (gleichzeitig unter Berücksichtigung ihrer relativen Länge, ihrer Getrenntheit oder Verschmelzung, ihres Vorkommens in derselben Blüte wie der Griffel oder ihrer Trennung in eingeschlechtige Blüten oder ihres offensichtlichen Fehlens) in 24 Klassen eingruppiert werden; dabei haben die Monandria ein Staubgefäß, die Diandria zwei, die Triandria drei usw.; es endet mit den Cryptogamia, deren Fortpflanzungsgewohnheiten damals nicht verstanden wurden. Innerhalb jeder Klasse sind die Gattungen in kleineren Gruppen oder *Ordnungen* angeordnet, entsprechend der Anzahl der Stempel: Die Monogynia haben einen Stempel, die Digynia zwei, die Trigynia drei, usw. So ist dieses System trotz seinem verführerischen Namen exakt auf jene Merkmale des Androecium und Gynoecium gegründet, die wenigstens mit Blick auf ihre geschlechtliche Funktion von Bedeutung sind.

Eine Seite aus dem Original „Das Sexualsystem der Natur“; illustriert von Ehret (s. S. 100/101)

Von Linné erfuhr durch Johan S. Rothman, als er an der Schule zu Växjö war, von der Bedeutung, die Tournefort der Blumenform als einer Grundlage für eine Klassifikation zuschrieb. Er wurde auch bekannt mit Vaillants Ansichten über die geschlechtlichen Funktionen der Blumenteile, obwohl er Vaillants Abhandlung *Sermo de Structura Florum* (1718; Neuausgaben 1727 und 1728) erst Jahre später sah, und bald konnte er alle Pflanzen, die um Stenbrohult herum wuchsen, nach Tourneforts System in ihre Klasse einordnen. Sein eigenes System ruhte also an erster Stelle auf einer intimen Kenntnis der verhältnismäßig begrenzten Flora einer schwedischen Pfarrgemeinde. Der Botanische Garten der Universität Uppsala brachte ihm weitere Pflanzen zur Kenntnis. Hier weckte im Jahre 1729 der Versuch eines Kommilitonen, des großartigen aber unglücklichen Petrus Artedi, eine neue Klassifikation der *Umbelliferae* auszuarbeiten, den Wunsch, dasselbe für alle Pflanzen zu tun, obwohl er sein System von Beobachtungen über die Anzahl der Teile an vielen untersuchten Blumen abgeleitet haben mag, scheint es wahrscheinlicher, daß er dazu durch den apriorischen Glauben geführt wurde, daß Teile, die für die Fortpflanzung der Pflanzen selbst von so fundamentaler Bedeutung waren, dies gleichermaßen für ihre Klassifikation sein könnten. Seine Reise nach Lappland gab ihm die Gelegenheit, mit seiner Hilfe eine arktische Flora zu klassifizieren. In Holland konnte er es an Pflanzen aus den Tropen testen und es zu einem angemessenen Werkzeug für die Weltflora als ganze modifizieren. So wandelte sich, wie es in von Linnés Karriere verschiedene Male geschah, das, was ein Handikap hätte sein können, schließlich zu seinem Vorteil. Zu Beginn mit einer tropischen Flora konfrontiert voll von „Legionen riesiger Pflanzen, genug, um alle bisher gelehrten Methoden der Pflanzenkunde zu widerlegen", mit ihren verwirrend unterschiedlichen Blättern, Blüten und Früchten, unkalkulierbar die Anzahl der Arten, wäre von Linné wahrscheinlich nie auf einen so einfachen Schlüssel ihrer Gruppierung gestoßen wie es sein „Sexualsystem" war.

Die dramatische, metaphorische Form, in der von Linné sein auf der „Liebe der Pflanzen" basierendes System veröffentlichte, paßte besser zu Temperament und Sitten des 18. als des 19. Jahrhunderts, doch sogar in jener stürmischen Periode entging er der Kritik nicht. So schrieb Johann Amman am 6. September 1736 an Sloane über „einige die Naturgeschichte betreffende Tafeln, angelegt von Dr. Linnaeus" und zweifelte „sehr, ob irgendein Botaniker seiner lüsternen Methode folgen wird". 1737 attackierte sie der St. Petersburger Akademiker Johann G. Siegesbeck heftig wegen der „geradezu abscheulichen Hurerei" („scortationes quasi detestabiles"), da im Reich der Pflanzen vom Schöpfer sicherlich nicht verschiedene männliche zu einer weiblichen gelassen würden, und fragte, wie jemand ohne Anstoß „eine derart unzüchtige Methode" („methodum talem lascivam") die studierende Jugend lehren könne. Man erinnert sich seiner heute nur noch durch das häßliche, kleinblumige Unkraut, das von Linné *Siegesbeckia* nannte. Die Untertanen König Georgs II. waren durch diese Enthüllungen eher amüsiert als schockiert. Pflanzenkunde, wie durch von Linné auf einen einfachen Nenner gebracht, paßte leicht genug in Salons, wo man Hogarths Drucke bewunderte und Fieldings und Smollets Romane las. Durch einen kühnen Federstrich ließ er die nebulöse Welt der Pflanzen agieren wie Ehemänner und Ehefrauen in unbekümmerter Freiheit, und jedermann begriff ohne Mühe die Bedeutung von Monoicia und Dioicia, Syngenesia und Polygamia. Es war ein Kritiker des frühen 19., nicht des 18. Jahrhunderts, der feststellte, daß kein botanisches Textbuch „die Schamröte verletzter Zurückhaltung auf die Wangen der unschuldigen Schönen" bringen sollte; „das halten wir für höchst bedeutsam". Damals jedoch verlor das Linnésche System schon rapide an Popularität und wurde durch natürlichere Systeme ersetzt.

Von Linnés Verstand war im wesentlichen praktisch und realistisch, nicht sehr zu Hause in abstrakten und philosophischen Allgemeinplätzen, sondern scharfsichtig und sorgfältig in konkreten, visuell evidenten Detailtatsachen. Er stellte fest, daß die Organismen auf zwei Hauptmethoden nach größeren Gruppen klassifiziert werden konnten, einmal unter Verwendung der *natürlichen Merkmale,* d.h. im Zusammenhang einer größeren Anzahl von Merkmalen, zum andern unter Verwendung ausschließlich *künstlicher Merkmale*, d.h. beliebige Auswahl einzelner Merkmale und beliebige Einteilung einer Masse von Gegenständen in Gruppen. Eine umfassende *natürliche Klassifikation,* eine Zusammenfassung der Kenntnisse durch Zusammenfassung der Dinge, die die größte Anzahl an Merkmalen gemeinsam haben, die Gottes Plan bei der Schöpfung ausdrückte, stellte für ihn das Wünschenswerte, indes Unerreichbare dar. Die Bedürfnisse seiner Zeit jedoch, besonders auf dem

Rundblättriges Wintergrün
Pirola rotundifolia, mit einem Stempel und zehn Staubgefäßen — einer Frau und 10 Gatten

Gebiet der Pflanzenkunde und des Gartenbaus, konnten getroffen werden durch eine *künstliche Klassifikation,* d. h. eine solche, die auf oberflächlichen, augenfälligen Merkmalen gründete, die auf willkürliche Weise ausgewählt und angeordnet waren, und so Organismen zusammenbrachte, die wenigstens in einem einzigen, leicht beobachtbaren Merkmal übereinstimmten, obwohl sie in fast allen anderen Merkmalen unterschieden waren. Ein Beispiel für eine künstliche Klassifikation ist z.B. eine, die auf der Blütenfarbe beruht. Eine solche Methode ist zur schnellen Identifikation vielleicht bequemer als eine natürliche, sogar obwohl sie zur notwendigen Folge hat, daß eng verbundene Pflanzen weit getrennt werden, manchmal sogar Formen derselben Art. Von Linnés größere Gruppen für Pflanzen sind offen künstlich (er gründet sie vornehmlich auf die Anzahl von Blütenteilen), doch seine Anordnung der Gattungen innerhalb dieser künstlichen größeren Gruppen ist oft ganz natürlich, indem er Gattungen versammelt, die einander auf Grund der Summe ihrer Merkmale höchst ähnlich sind. Offensichtlich ist es unmöglich, zwischen künstlichen und natürlichen Systemen eine scharfe Trennungslinie zu ziehen. Von Linnés Hauptgruppen des Tierreichs sind in gewisser Beziehung weniger künstlich als die des Pflanzenreiches.

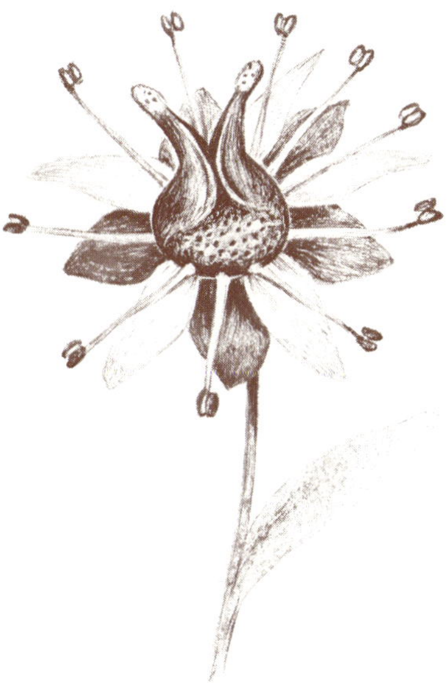

Fetthennen-Steinbrech
Saxifraga aizoides, mit zwei Stempeln und zehn Staubgefäßen — zwei Frauen und 10 Gatten

Von Linné wußte genau, daß das oben umrissene System von künstlicher Art war. Da seine Absicht war, Pflanzenkundler zu befähigen, Pflanzen zu bestimmen, ohne einen Lehrer bei der Hand zu haben, brachte er Pflanzen zusammen, die, obwohl sie in der Anzahl von Staubgefäßen und Griffeln übereinstimmten, in vielen anderen Einzelheiten ganz verschieden waren. Als Amman von Linné fragte: „Welche Verwandtschaft besteht, außer in der Anzahl der Staubgefäße, zwischen *Valeriana* und *Cyperus, Persicaria* und *Campanula, Gentiana, Ribes* und *Angelica*?“ suchte von Linné, wie schon Ray vor ihm, nach einem natürlichen System, das ihre wahre Verwandtschaft besser ausdrückte, ein System, das auf der Beziehung aller Teile untereinander gegründet war. Er legte sogar in Umrissen dar, was nach seiner Ansicht ein solches System sein könnte, indem er ein erstes Konzept „fragmenta methodi naturalis“ in seinen *„Classes Plantarum“* (1738) veröffentlichte. Seine ausgereifteren Ansichten trug er in zwei Vorlesungsreihen vor, die erste 1764 vor seinen Studenten Ferber, Fabricius, Zoega, Meyer und Kuhn, die aus Philadelphia gekommen waren, die zweite 1771 vor Giseke, Val, Edinger und Tislef. Auf Grund seiner eigenen Aufzeichnungen und derer von Fabricius veröffentlichte Giseke 1792 von Linnés *Praelectiones in Ordines naturales Plantarum.* Viele der dort definierten Gruppen sind fast unverändert in moderne Klassifikationen übernommen worden, wobei einige ihre linnéschen Namen behielten wie *Cucurbitaceae, Papilionaceae, Palmae* und *Compositae,* obwohl Änderungen in der Nomenklatur andere verschleiert haben. So entspricht von Linnés Ordnung Calmariae der Familie *Cyperaceae,* seine Gramina den *Gramineae,* seine Ensatae weithin den *Iridaceae,* seine Scitamineae weithin den *Zingiberaceae,* seine Spathaceae weithin den *Amaryllidaceae,* seine Coronariae weithin den *Liliaceae,* seine Bicornes weithin den *Ericaceae,* seine Caryophyllei den *Caryophyllaceae,* seine Multisiliquae weithin den *Ranunculaceae,* seine Luridae weithin den *Solanaceae,* seine Contortae weithin den *Asclepiadaceae* und *Apocynaceae,* seine Senticosae und Pomaceae den *Rosaceae,* seine Columniferae weithin den *Malvaceae,* seine Sepiariae den *Oleaceae,* seine Umbellatae weithin den *Umbelliferae,* seine Stellatae weithin den *Rubiaceae.* Von Linné drückte die Beziehung zwischen den beiden Klassifikationen am Ende der sechsten Ausgabe (1764) der *Genera Plantarum* in einem Aphorismus aus:

Ordines naturales valent de natura plantarum.
Artificiales in diagnosi plantarum.
Natürliche Ordnungen haben ihre Gültigkeit von der Natur der Pflanze her.
Der Wert der künstlichen liegt in der Untersuchung der Pflanzen.

KÖNIGREICH DER PFLANZEN
SCHLÜSSEL DES SEXUALSYSTEMS

HOCHZEITEN VON PFLANZEN.
Blüte.

ÖFFENTLICHE.
Hochzeiten, allen sichtbar, offen gefeiert.
Jedem sichtbare Blumen.

IN EINEM BETT.
Ehemann und Weib erfreuen sich desselben Gemachs.
Alle Blumen, die Hermaphroditen sind: Staubgefäß und Stempel in derselben Blume.

NICHT VERWANDT.
Ehemänner untereinander nicht verwandt.
Staubgefäße nirgends miteinander verbunden.

GLEICHGESTELLT.
Ehemänner von gleichem Rang.
Staubgefäße von unbestimmter Länge.

1. EIN MANN.
2. ZWEI MÄNNER.
3. DREI MÄNNER.
4. VIER MÄNNER.
5. FÜNF MÄNNER.
6. SECHS MÄNNER.
7. SIEBEN MÄNNER.
8. ACHT MÄNNER.
9. NEUN MÄNNER.
10. ZEHN MÄNNER.
11. ZWÖLF MÄNNER.
12. ZWANZIG MÄNNER.
13. VIELE MÄNNER.

UNTERGEORDNET.
Einzelne Ehemänner den übrigen vorgezogen.
Zwei Staubgefäße sind immer kürzer als die übrigen.

14. ZWEI KRÄFTE.
15. VIER KRÄFTE.

VERWANDT.
Ehemänner sind verwandt und benachbart.
Staubgefäße hängen miteinander zusammen oder mit dem Stempel.

16. EINBRÜDERIG.
17. ZWEIBRÜDERIG.
18. VIELBRÜDERIG.
19. VEREINIGTE MÄNNER.
20. WEIBLICHE MÄNNER.

IN ZWEI BETTEN doppeltes Schlafgemach.
Ehemann und Weib haben verschiedene Gemächer.
Männliche Blumen und weibliche Blumen in derselben Art.

21. EIN HAUS.
22. ZWEI HÄUSER.
23. POLYGAMIEN.

HEIMLICHE HOCHZEITEN.
Blumen, die unseren blanken Augen fast unsichtbar sind.

24. VERBORGENE HOCHZEITEN.

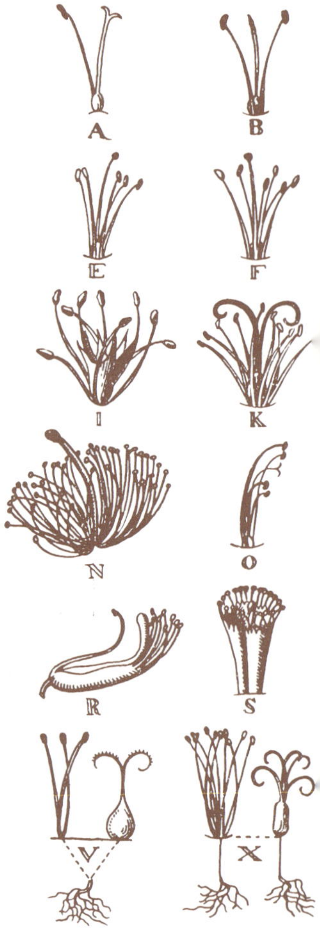

Die Klassen des Linnéschen Sexualsystems der Klassifikation mit den Originalillustrationen Ehrets, 1736.

A, 1. *Monandria;* B, 2. *Diandria;* C, 3. *Triandria;* D, 4. *Tetrandria;* E, 5. *Pentandria;* F, 6. *Hexandria;* G, 7. *Heptandria;* H, 8. *Octandria;* I, 9. *Enneandria;* K, 10. *Decandrie*

Es fiel anderen zu, nachdem sie zuerst ihr Material mit Hilfe Linnéscher Methoden identifiziert hatten, natürlichere Systeme auszuarbeiten, die zum Zwecke der Identifikation praktisch genug waren, daß sie sein zugegebenermaßen künstliches System ersetzen konnten.

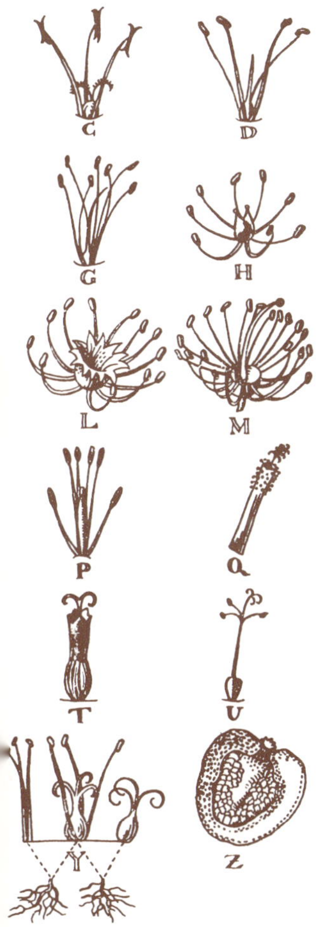

L, 11. *Dodecandria;*
M, 12. *Icosandria;* N, 13. *Polyandria;*
O, 14. *Didynamia;*
P, 15. *Tetradynamia;*
Q, 16. *Monadelphia;*
R, 17. *Diadelphia;*
S, 18. *Polyadelphia;* T, 19. *Syngenesia;*
U, 20. *Gynandria;* V, 21. *Monoecia;*
X, 22. *Dioecia;* Y, 23. *Polygamia;*
Z, 24. *Cryptogamia.*

REGNUM VEGETABILE

CLAVIS SYSTEMATIS SEXUALIS

NUPTIAE PLANTARUM.
Actus generationis incolarum Regni vegetabilis.
Florescentia.

- *PUBLICAE.*
  Nuptiae, omnibus manifestae, aperte celebrantur.
  Flores unicuique visibiles.
  - MONOCLINIA.
    Mariti & uxores uno eodemque thalamo gaudent.
    Flores omnes hermaphroditi: stamina cum pistillis in eodem flore.
    - DIFFINITAS.
      Mariti inter se non cognati.
      Stamina nulla sua parte connata inter se sunt.
      - INDIFFERENTISMUS.
        Mariti absque subordinatione.
        Stamina longitudine indeterminata.
        1. MONANDRIA. — 7. HEPTANDRIA.
        2. DIANDRIA. — 8. OCTANDRIA.
        3. TRIANDRIA. — 9. ENNEANDRIA.
        4. TETRANDRIA. — 10. DECANDRIA.
        5. PENTANDRIA. — 11. DODECANDRIA.
        6. HEXANDRIA. — 12. ICOSANDRIA.
        13. POLYANDRIA.
      - SUBORDINATIO.
        Mariti certi reliquis praeferuntur.
        Stamina duo semper reliquis breviora sunt.
        14. DIDYNAMIA. — 15. TETRADYNAMIA.
    - AFFINITAS.
      Mariti propinqui & cognati sunt.
      Stamina cohaerent vel inter se, vel cum pistillo.
      16. MONADELPHIA. — 19. SYNGENESIA.
      17. DIADELPHIA. — 20. GYNANDRIA.
      18. POLYADELPHIA.
  - DICLINIA duplex thalamus.
    Mariti & Feminae distinctis thalamis gaudent.
    21. MONOECIA.
    22. DIOECIA. — 23. POLYGAMIA.
- CLANDESTINAE.
  Nuptiae clam instituuntur.
  Flores oculis nostris nudis vix conspiciuntur.
  24. CRYPTOGAMIA.

CAROLI LINNÆI, SVECI,

DOCTORIS MEDICINÆ,

SYSTEMA NATURÆ,

SIVE

REGNA TRIA NATURÆ

SYSTEMATICE PROPOSITA

PER

CLASSES, ORDINES, GENERA, & SPECIES.

O JEHOVA! *Quam ampla sunt opera Tua!*
Quam ea omnia sapienter fecisti!
Quam plena est terra possessione tua!
Psalm. CIV. 24.

LUGDUNI BATAVORUM,

Apud THEODORUM HAAK, MDCCXXXV.

Ex Typographia

JOANNIS WILHELMI DE GROOT.

OBSERVATIONES IN REGNUM VEGETABILE.

1. Omnem Plantam Fructificatione gaudere, docet in majoribus nuda autopsia; in minoribus, Filicibus nempe, Muscis, Algis & Fungis oculus armatus, ut testantur Clariss. Michelii, aliorumque observationes; nec ullam unquam Plantarum speciem Fructificatione carere posse, patet consideranti analogiam, usum, finem, structuram, creationem harum. Reliquæ autem Plantarum partes in multis deficiunt, ut Radix, Caulis, Folia, Fulcra; & tamen Vegetabilia sunt; uti Viscus, Lemna, Cuscuta, Tulipa.
2. Fundamentum Botanices consistit in Plantarum Divisione & Denominatione Systematica, Generica, & Specifica.
3. Botanicis paucissimis debetur nitor & certitudo Scientiæ, idque præcipue Auctoribus Systematicis, quorum exempla sequendo debemus continuare, excolere, ac perficere Divisionem Plantarum Systematicam (2).
4. Systematica Divisio Plantarum (3), pro basi assumere debet partem harum primariam; ergo Fructificationem (1), quam unicum esse Botanices fundamentum Systematicum confirmat Natura; adeoque pro absoluto fundamento demonstrari potest. Hinc recepta fuit à summis Systematicis, Botanices Fulcris & Conditoribus: *Cæsalpino*, *Morisono*, *Hermanno*, *Boerhaavio*, *Rajo*, *Sloaneo*, *Rivino*, *Knautiis*, *Ruppio*, *Tournefortio*, *Plumiero*, *Fevilleo*, *Dillenio*, *Buxbaumio*, *Michelio*, *Magnolio*, *Vaillantio*, *Scheuchzero*: & vix ab ullo Methodico, nostro imprimis tempore, negari potest, nisi forte à solo *Heistero*.
5. FRUCTIFICATIONIS *Partes* Universales duæ, *Flos* scilicet & *Fructus*: Particulares vero septem sunt, cum suis speciebus:

I. F L O S.
- 1. *Calix* Spec. 6. *Perianthium*, *Involucrum*, *Amentum*, *Spatha*, *Gluma*, *Calyptra*.
- 2. *Corolla* Spec. 2. *Petalum*, *Nectarium*.
- 3. *Stamina* Part. 2. *Filamentum*, *Anthera* (Apex vulgo).
- 4. *Pistilla* Part. 2. *Stylus*, *Stigma* (Summitas).

II. FRUCTUS.
- 5. *Pericarpium* Sp. 9. *Capsula*, *Conceptaculum*, *Siliqua*, *Legumen*, *Nux*, *Drupa*, *Pomum*, *Bacca*, *Strobilus*.
- 6. *Semina* Part. 3. *Seminulum*, *Corona*, *Floccus*.
- 7. *Receptaculum* Sp. 3. *Floris*, *Fructus*, *Fructificationis*.

6. Essentia Plantarum consistit in Fructificatione (1); *Fructificationis* in Flore & Fructu (5: I. II.); *Fructus* in Semine (5: 6.) *Floris* in Stamine (5: 3.) & Pistillo (5: 4.); *Staminis* in Anthera; *Pistilli* in Stigmate.
7. Fructum omnem antecedit Flos; *Floris* essentia consistit in Anthera & Stigmate (6), unde Methodum meam desumsi, cujus itaque robur à priori patet ex jam dictis (1-7).
8. Antheras & Stigmata (7) constituere Sexum Plantarum, à *Grewio*, *Rajo*, *Camerario*, *Morlando*, *Vaillantio*, *Blairio*, *Jussieo*, *Bradleyo*, *Royeno*, &c. detectum, descriptum & pro infallibili assumtum: nec ullum, apertis oculis considerantem cujuscunque plantæ Flores, latere potest: licet hic ob angustiam loci explicari nequeat. Negaturque nostro tempore vix ab ullo alio, nisi à solo *Pontedera*.
9. *Antheræ* sunt organa genitalia MASCULINA, quæ cum Farinam suam genitalem *Stigmati*, genitali FEMININO, inspergunt, fit *Fœcundatio*; quam probant Observationes, Experimenta, Analogia, Anatomia, Antecedentia, Consequentia, Usus.
10. Flores itaque (9) qui Antheras habent, *Masculini*; qui Stigmata, *Feminini*; qui utraque simul, *Hermaphroditi* dicuntur.
11. Planta quæ Floribus Masculinis gaudet, *Mas*; quæ Femininis, *Femina*; quæ utrisque, *Androgyna*; quæ Hermaphroditis, *Hermaphrodita*; quæque Hermaphroditis & simul Masculinis vel Femininis, *Hybrida* dicitur.
12. Nullum Systema Plantarum Naturale, licet unum vel alterum propius accedat, adhucdum constructum est; nec ego heic Systema quoddam Naturale contendo (forte alia vice ejus Fragmenta exhibebo); neque Naturale construi potuit, antequam omnia, ad nostrum Systema pertinentia, notissima sint. Interim tamen Systemata artificialia, defectu Naturalis, omnino necessaria sunt.
13. Nulla Methodus Botanica, à Fructificatione Systematice desumta, adhuc constructa est, quæ non maximam præbuit utilitatem; nec nocuit ulla unquam, nisi quatenus ex assumtis principiis genera naturalia contra naturam dilaceravit, quod Nos scientes volentesve non commisimus.
14. Genus omne est naturale, in ipso primordio tale creatum: hinc pro lubitu & secundum cujuscunque theoriam non proterve discindendum, vel conglutinandum est.
15. Nomina Generica male constructa, quæque confusionem pariunt, Synonymis Veterum melioribus (paucis novis à me confectis) insignivi. Multa tamen adhuc minus congrua restant.
16. Nominum receptissimorum permutationem, maximam parere difficultatem, exercitatis diu in arte Viris, in confesso est: hinc non mutari deberent, si multitudo errantium errori pareret patrocinium. Neque auctor sum, ut ad mentem meam, seniores Botanici mutent nomina. Veniat tandem serus dies, quo nova & nostris accuratior Gens, per ordinem successionis ætatum, surgat, quam spondeo meam consideraturam fore theoriam, nominaque illa sæpius absurda, præcipue specifica expungat, de quibus in *Fundamentis* meis *Botanicis* Amstelodami nuper editis plura dixi.
17. Methodum meam difficultatem parere nimiam, hariolor Botanicos jam dicere, ad examinandas nempe partes has minimas Floris, vix nudis oculis conspicuas. *Respondeo*: quod si Microscopium, instrumentum maxime necessarium, quivis Curiosus secum habeat, quid plus opus? Ego tamen examinavi hos omnes Plantarum Flores nudo oculo, absque omni Microscopiorum usu. Ultima tamen Classis videtur à Creatore veluti exclusa à theoria Staminum, adeoque secundum numerum non descripsi. Negat enim Natura conjunctionem harum secundum Stamina; videsis Cl. *Michelii* opera.
18. Ne ordines nimis longi, adeoque difficiliores evaderent, eos subdivisionibus auxiliaribus à Fructificatione dispescui. Inter hos notabilis maxime est *Pentandria Monogynia*, ubi plantæ *Umbellatæ* recensentur, quas secundum methodum à Cl. *Artedio* in Umbelliferis excogitatam disposui. Fundamentum has distinguendi desumit ab involucro seu calice Umbellæ: Umbellasque omnes in tres ordines dispescit: 1[m]. continet plantas Umbellatas, quæ involucro omni carent. 2[d]., quæ involucro ad Umbellas tantum particulares gaudent. 3[t]., quæ involucro ad Umbellas universales & particulares instruuntur. Quæ Methodus in hac familia reliquis palmam præripit.
19. *Vires Vegetabilium* à Botanico, qua talis, dijudicantur secundum theoriam Artis vel Sensuum; hinc, qui utriusque signa intelligit, ille verè scit vires plantarum. Plantæ quæcunque Classe Naturali, adhuc magis Ordine N. sed maxime Genere N. conveniunt, etiam viribus propius accedunt. ex. gr.

TRIANDRIA, *Digynia*. α. β. folia armentis & jumentis læta pascua; semina minora avibus, majora hominibus vulgatissima sunt esculenta.

TETRANDRIA, *Monogynia* β. Stellatæ Rj. Adstringentes sunt, diureticæ vulgo dicuntur.

PENTANDRIA, *Monogynia* β. Asperifoliæ Rj. Adstringentes, glutinosæ & vulnerariæ sunt. ---- ---- χ. *Monopetalæ Bacciferæ*, maximam partem venenatæ sunt.

.. . . *Digynia* γ. δ. ε. ζ. Umbellatæ T. in siccis locis aromaticæ, calefacientes, resolventes & carminativæ: in humidis autem venenatæ sunt; Radice & Seminibus pollent.

ICOSANDRIA *Baccifera*, *Drupifera* vel *Pomifera*; omnis hic fructus cum oblectamento edatur. POLYANDRIA autem omnis probe distinguenda, quæ sæpius venenata est.

DIDYNAMIA *Gymnospermia* odorata, cephalica & resolvens est: Folia virtute pollent. TETRADYNAMIA omnis antiscorbutica & diuretica est: exsiccatione amittit vires.

DIADELPHIA folia Pecoribus; semina Quadrupedibus (non feris) esculenta & flatulenta sunt. MONADELPHIA mucilaginosa & emolliens est.

SYNGENESIA amaras continet & stomachicas. GYNANDRIA autem aphrodisiacas. CRYPTOGAMIA vegetabilia sæpe suspecta includit.

Sensus externi sunt examinatores Diætetici omnis cibi ingerendi, quibus Bona à malis distinguuntur, à Creatore omni animali pro diversitate naturæ, diversi concessi.

SAPIDA. *Dulcia* nutriunt; *Pinguia* emolliunt; *Salsa* stimulant; *Acida* refrigerant; *Austera* adstringunt; *Amara* alcalina, *Acria* corrosiva, *Nauseosa* venenata sunt.

ODORATA. *Suavia* salutaria, *Suavissima* cardiaca, *Aromatica* resolventia, *Hircina* aphrodisiaca, *Ingrata* suspecta, *Nauseosa* venenata alunt.

COLOR *ruber* ubicunque acidum indicat, *luridus* & Aspectus totius plantæ *tristis* suspectas reddit plantas.

20. *Ranunculi* nota essentialis consistit in petalis ad ungues interius excavatis pro melle; reliquæ partes Fructificationis omnes ludunt, idque patet consideranti.

Index

Kursive Seitenzahlen beziehen sich auf Bildtexte, gewöhnliche auf den Text.
Bei Angabe von drei Namen ist der erste der gewöhnliche Name, der zweite der wissenschaftliche und der dritte (in Klammern stehende) die von Linnésche binomiale Bezeichnung, falls diese von der modernen abweicht.

Maßtabelle

altes Maß	*metrisch*
1 schwed. Meile	10,7 km
1 Faden	1,80 m
1 Elle	0,60 m
1 Spanne	0,20 m

Bibliografie

Die meisten der Werke von Linnés sind bedauerlicherweise nicht in Übersetzungen verfügbar; im folgenden eine knappe Auswahl von Titeln.

Systema Naturae, *Leiden 1735; Leipzig 1894*

Naturae-Systema oder die in ordentlichem Zusammenhange vorgetragene drey Reiche der Natur, nach ihren Classen, Ordnungen, Geschlechtern und Arten, *übs. von J. J. Langen, Halle 1740*

Des Ritters Carl von Linné . . . vollständiges Natursystem, *übs. von Ph. L. S. Müller, 7 Bd., Nürnberg 1773—1776*

Carl von Linné, Lappländische Reise. *Mit Zeichnungen des Autors, übs. von H. C. Artmann, Frankfurt: Insel 1974, 1977*

H. Goerke, Carl von Linné, Arzt, Naturforscher, Systematiker, 1707—1778, *Stuttgart 1966*

W. Blunt (mit W. T. Stearn), The Compleat Naturalist: A Life of Linnaeus, *London 1971*

Die materielle Hinterlassenschaft von Linnés ist hauptsächlich in folgenden Institutionen untergebracht: Britisches Museum (Naturgeschichte); Linnaean Society, *London; Botanisches und Zoologisches Museum von Uppsala; Naturgeschichtliches Museum Stockholm;* Institut de France, *Paris.*

Wij sågo ifrån stranden åtskillige kalkugnar, som blifva
5. alnar höga och 4. breda och at bygga sina ugnarna
inåt hålade alt mera at medan neder i jordens dugare,
på det wäder och elden motte bättre komma in. Wij
sågo de öfwersta stenarne i ugnarna halt hwita såsom
med mögel öfwerdragne: hwilket hade oss ändt det
war salsyra, men då wij toge sielfwa stenarna
war det at hwitt sal alkali calcareum som satt
såsom flores sulphuris öfwer stenarne och stack starkt
på tungan. Stenbrotten til kalken woro yttersta
kanten af stranden, hwaraf kalken wardt mycket
ringa möda, endast med kofot, hemtad; de flesta
stenar skilde från hwarandra, läge Orthocerotiter
så tätt som agnar i groft bröd, at Gud wet
hwar så många diur skolat tagit. Härjemte
war at annat petrificat skällsputare, som såg ut til
en valvula af Echino, otter stor som flata handen, såg
ut som half-månad med 2. sulcis parallelis och åtskilli-
ga strig transversi.

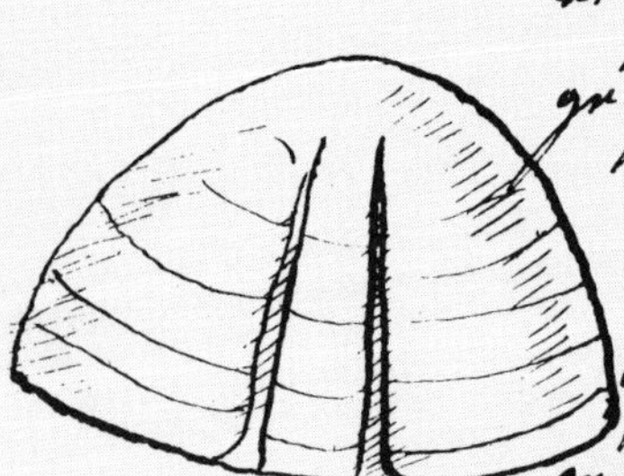

Uti caviteterne af Orthocerotiter såg man spat-
Krystaller, med figuram nitri, doch ellanost til sin
apex som war mer utspridt än ordinairt, colu-
mnam såg man intet til.

Gesinefollen som här kiörde med grå stan, under sitt
kiörande stickade strumpor fast sielfwa älande
folks bönderne.

Här fants en coccionella bland de största. Öfwerdelen
på blåröd med långa ränder och punkter hwita, ~~hwilket
hwita fläckar i figurer med swart emparemens~~: inunder
war hon ock blåröd.

Et stycke härifrån sågo wij wid landborgen en skamans
Catarrheticus den största wij någonsin märkt. hwarar om
Kiön